变压器

电焊机械开关箱

断路器

分配电箱

分配电箱

分配电箱

分配电箱

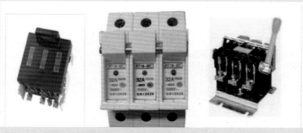

隔离开关

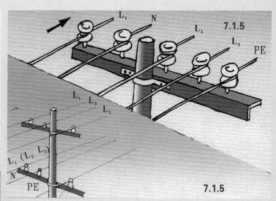

架空线路

绝缘导线

开关箱

开关箱

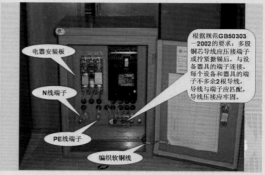

开关箱

开关箱

开关箱

配电室

熔断器

配电室

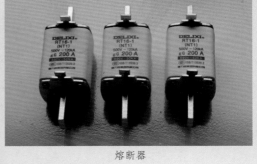

熔断器

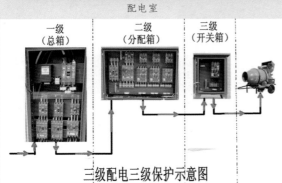

熔断器

三级配电三级保护示意图

三级配电示意图

熔断器

透明盖断路器

五芯电缆

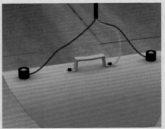

照明灯接线

透明盖断路器 透明盖漏电保护器

移动式开关箱 移动式总配电箱

总配电箱 总配电箱

全国高职高专教育土木建筑类专业新理念教材

（第二版）　施工临时用电

◎ 主编　郑惠忠

同济大学出版社
TONGJI UNIVERSITY PRESS
·上海·

内 容 提 要

本书以《施工现场临时用电安全技术规范》(JGJ 46—2005)为指导,以相应的技术标准为依据,针对当前建筑施工临时用电的特点,以科学用电和安全用电为重点,详细介绍了目前土建项目管理迫切需要的施工现场临时用电的基础知识、负荷计算、配电系统设计、电箱配置、外电防护、施工临时用电组织设计的编写等内容及临时用电安全管理相关知识。这些内容也是当前高职土建类学生急需掌握的知识,填补了目前市场上此类高职教材的空白。本书具有内容精炼、图文并茂、紧密联系施工实际、深入浅出、通俗易懂以及便于教学和自学等特点,并尽可能反映目前的新电器和新技术。

本书可作为高等院校土木工程、工程管理、市政工程、交通、建筑设备等专业的专科、高职等层次师生的教学用书,也适合建设单位、施工单位、监理单位等工程技术人员和管理人员学习参考。

图书在版编目(CIP)数据

施工临时用电/郑惠忠主编. --2 版. --上海:
同济大学出版社,2019(2023.7重印)
ISBN 978-7-5608-8845-3

Ⅰ. ①施… Ⅱ. ①郑… Ⅲ. ①建筑工程-施工现场-用电管理-高等职业教育-教材 Ⅳ. ①TU731.3

中国版本图书馆 CIP 数据核字(2019)第 258156 号

全国高职高专教育土木建筑类专业新理念教材

施工临时用电(第二版)

主 编 郑惠忠

责任编辑 高晓辉 马继兰   责任校对 徐春莲   封面设计 陈益平

出版发行	同济大学出版社 www.tongjipress.com.cn	
	(地址:上海市四平路 1239 号 邮编:200092 电话:021-65985622)	
经 销	全国各地新华书店	
印 刷	常熟市华顺印刷有限公司	
开 本	787mm×1092mm 1/16	
印 张	9.5 插页 2	
字 数	237 000	
版 次	2019 年第 2 版	
印 次	2023 年第 3 次印刷	
书 号	ISBN 978-7-5608-8845-3	
定 价	30.00 元	

本 书 编 委 会

主　　编:郑惠忠

副主编:陈　捷

参　　编:孙余好　　林成青
　　　　　张文格　　梁　旭

第二版 前 言

时光荏苒，由郑惠忠主持编写，同济大学出版社出版的高职高专校企合作土木建筑类专业紧缺教材《施工临时用电》一书已经发行近5年了。令人欣慰的是，该书自发行以来，填补了高职高专土木建筑类专业现场施工用电这方面教材的"空白"，因而广受欢迎，成为众多高职院校专科教材和相当一部分高校本科教学的重要参考书；同时也由于该教材是由高职院校具有多年教学经验的教师和具有丰富施工现场实践知识的企业专家共同编写而成，教材贴近施工实际，通俗易懂，故而被广泛应用于施工企业安全用电培训以及安全管理工作实践之中；特别是国企核工业井巷建设集团有限公司企业技术中心特聘笔者为技术咨询顾问，按照本书的理论知识，联合浙江湖州职业技术学院，共同创建了全国首个施工用电实训基地，极大地提高了企业职工和学院学生的实训效果，与此同时本书的发行量也得到了逐步扩大。可以说，完全实现了作者编写这本教材的初衷。另一方面，由于当时方方面面存在的局限性，加之时间仓促，本书在使用过程中也发现了一些亟需解决的问题和编排上的错误，而且随时间的推移，这些问题和错误日渐凸显。其实，任何一本专业教材都必须紧跟该领域的研究进展，才能真正起到促进专业教育水平提升的终极作用。与此同时，包括教师、学生和施工企业专家在内的相当一部分安全工作者亦屡次呼吁该书应与时俱进。因此，我们顺应形势，及时地组织了这本教材的再版工作。

回顾自己当年与多位教授、专家通力合作、呕心沥血之历程，心中再次激情澎湃。想到自己出书之后的教学经历，以及在核工业井巷建设集团有限公司、中铁七局和特级施工企业浙江大东吴建设集团等的安全培训中与企业管理者、施工现场技术人员及安全工程师间的交流，也深感本书修订再版势在必然。因而下定决心，以一本力作回报各方之厚爱，也希望其能够成为自己圆满结束教学生涯的一个标志与里程碑。

由于本书第一版多位参编者工作调动或另有重任在身，同时也为了使教材更为系统、完整，笔者决定联合核工业井巷建设集团有限公司企业技术中心及相关企业的专家完成本书再版的编写工作。本书由郑惠忠担任主编，陈捷担任副主编，梁旭、张文格、林成青、孙余好参与到本书的编写中。本书可作为高等院校土木工程、工程管理、市政工程、交通、建筑设备等专业的专科、高职等层次师生的教学用书,也可供建设单位、施工单位、监理单位的工程技术人员和管理人员参考。本书除了校正第一版书稿外,还完善和补充了许多新的知识和规范,此外,本书也引用了国内外众多专家、学者的著作、教材及相关网站上一些资料,绝大多数已在参考文献中列出,在此特致谢意。

科学技术随着社会的发展逐步完善,施工临时用电也是如此。由于学术水平、研究能力和教学经验诸方面的限制,本书可能仍有诸多缺憾,恳请各位读者批评指正。

郑惠忠

核工业井巷建设集团有限公司

企业技术中心特聘技术专家

浙江湖州职业技术学院外聘专家教授

2019 年 5 月

第一版
前　言

　　项目法施工是我国当代市场经济条件下建筑市场发展的产物,项目部的主要任务之一是对承建的建设项目施工现场独立自主地实施全面管理。从压缩项目管理成本的角度出发,要求有限的项目管理人员应以"一专多能,一岗多职"的原则配置。但纵观当前我国项目施工管理的现状,由于施工临时用电设计、施工、管理不规范造成的安全问题、经济问题日趋突出,而施工现场临时用电的安全是保证建筑工程正常施工的基础,是工程开工前和施工过程中必须做好的一项保障工作。加强对临时用电全过程的安全技术管理,避免施工现场临时用电不安全因素的出现,防止触电伤亡事故的发生,已逐渐成为建筑行业施工技术人员的必修课。

　　为了确保建筑施工现场临时用电安全可靠、经济合理和使用方便,了解和熟悉临时用电的基本知识,编制临时用电施工组织设计,掌握临时用电的安全管理,已成为高等学校土木工程专业学生和相关工程技术人员的必要业务能力。

　　本书是从建筑工程现场施工的实际出发,以现行《施工现场临时用电安全技术规范》(JGJ 46—2005)为指导,以相应的技术标准为依据,结合高职教育特点,突出应用性和针对性,针对建筑施工现场的特点,在内容上以科学用电和安全用电为重点,全面阐述了建筑施工现场临时用电的组织设计、施工、安全管理等内容,并特意编写了施工临时用电组织设计模板,以弥补目前高等院校土建专业学生在现场临时用电方面知识的匮乏,并增强学生编制现场临时用电施工组织设计和临时用电安全管理的能力。

　　本书按现场项目部常用和管理的施工现场临时用电的负荷计算、配电系统设计、外电防护、施工组织设计等内容编写。为便于老师教学,每章都注明了教学目标和能力要求,并结合实际工程编写了习题。书中注重用图表明确参数概念,并运用了大量的计算和方案编制实例,实物图、示意图和构造图给学生以形象的认识,便于理解。同时也考虑到本课程的实践性较强,建议各院校采用参观现场、电化教学、多媒体课件等多种教学手段辅助教学,以提高学生学习的兴趣和接受能力。

　　为使内容更贴近建筑施工现场实际,更符合行业的新规范、新标准,本书由浙江湖州职业技术学院具有多年教学经验的专业教师会同浙江泰合建设有限公司具有丰富实践经验的在职高级工程师共同编写而成。在编写过程中,还广泛吸取了现场技术人员的意见,尽可能反映当代的新技术和新品种;同时将理论和实践相结合,更注重实践经验的运用;在结构体系上,重点突出,详略得当,通俗易懂,并且便于教学和自学。

本书可作为高等院校土木工程、工程管理、市政工程、交通、建筑设备等专业的专科、高职等层次师生的教学用书,也可供建设单位、施工单位、监理单位的工程技术人员和管理人员参考。

本书在编写过程中参考和借鉴了许多优秀教材、专著和相关文献资料,并得到了浙江泰合建设有限公司资深专家和广大技术人员的大力支持与帮助,在此一并致谢! 由于编者的水平及经验的局限,书中不足及疏漏之处在所难免,恳请广大读者批评指正。

本书提供课件下载,有需要的读者可发送邮件至 52703931@qq.com 邮箱获取,读者也可将对本书的意见和建议发送至以上邮箱,我们将及时给予回复。

编 者

2015 年 5 月

目　录

第1章 施工现场临时用电的负荷计算

教学目标：了解电力系统、电网和用电基本参数的含义及它们之间的相互关系，熟悉施工现场用电设备工作制、容量的换算和需要系数的选用，掌握施工现场用电负荷的计算方法。

能力要求：能够根据施工现场用电设备的需要情况，计算出施工现场各电箱的用电负荷和现场用电的总容量。

1.1 用电基础知识

"电"是现代建筑施工越来越广泛使用的二次能源。可以说，没有电能的普遍应用，就不会有现代建筑施工，更不可能适应现代建筑施工技术进步、生产效率以及管理文明的要求。但是，在施工用电过程中当人们对它的设置和使用不规范时，也会带来极其严重的危害和灾难。

在施工现场中，施工用电与在建工程上的电气系统不尽相同。在建工程自身配置的供电系统具有相对固定性和长期性；而施工用电系统具有暂设性和临时性。为区别起见，将施工用电称为"临时用电"。

为了规范施工现场临时用电工程，保障临时用电安全，我国于1988年10月颁布实施了第一部关于施工现场用电安全的技术性行业标准，即《施工现场临时用电安全技术规范》（JGJ 46—88）。2005年，在总结十余年实践经验的基础上，修订为《施工现场临时用电安全技术规范》（JGJ 46—2005）（以下简称《规范》），综合规范了一个更加完备的安全用电技术体系。

施工现场的临时用电管理起自施工的准备阶段，终至工程竣工，贯穿于工程全过程，因此是整个施工管理中非常重要的组成部分，也是一项专业性、技术性很强的管理工作。

1.1.1 电力系统与电力网

自然界中蕴藏的能源是极其丰富的。各种非电形式的能源，都可以很方便地通过发电转换成电能，为人类服务。按其所利用的能源不同，有火力发电、水力发电、原子能发电等。此外，还有潮汐发电、风力发电等。

火力发电是利用燃料在锅炉中燃烧时发出的热量使水变成高压蒸汽，蒸汽在汽轮机内膨胀做功，使汽轮机拖动发电机旋转发电。

水力发电是利用水流的位能来推动发电机装置旋转而发电。

与火力发电相比较，水力发电不需要消耗燃料，发电成本低，生产运行可靠，但是水力发电电厂建设周期长，投资大，而且受自然水情况的影响大，在严重枯水季节，发电厂的容量就不能充分利用。

原子能发电厂的生产过程与火力发电相似，它是利用原子核裂变时产生的大量热量来发电的。

为了充分而合理利用自然资源,大中型发电厂都建在能源蕴藏地,例如水力发电厂建在江河、峡谷及水库等水利资源丰富的地方;火力发电厂都建在燃料的产地及交通方便的地方。而用电地区可能距离发电厂很远,所以需要将产生的电能进行远距离输送。因为采用高电压等级输电比较经济,而发电机由于受绝缘处理水平的限制,所发出的电压不能太高,目前发电厂采用的电压等级为 6 kV,10 kV,所以在输电时除供给发电厂附近的用户外,需经过升压变压器升压,然后输送出去。一般输送距离越远,输送功率越大,则输送电压越高。目前国内输电电压有 110 kV,220 kV,500 kV 等。

为了满足用电设备对工作电压的要求,在用电地区需设降压变压器,将电压降低。例如,城市供电的地方变电所将电压降低到 6~10 kV,然后分配到居住区或施工现场,再由配电变压器将电压降到 380/220 V,给施工现场低压用电设备供电。

电力网是发电厂和用户的中间环节,其任务是把发电厂产生的电能输送、分配给电能用户。

由发电厂、电力网以及用电设备组成的系统,称为电力系统,见图 1-1。

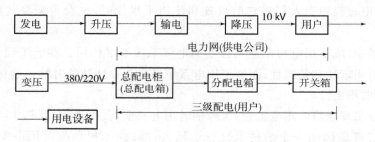

图 1-1 电力系统简图

1.1.2 用电基本参数

1. 电压

静电物或电路中两点间的电位差叫电压,用符号 U 来表示,基本单位为 V(伏特)。电压分为高压、低压、安全电压和安全特低电压。

(1) 高压:≥1 000 V。

(2) 低压:380/220 V(220×$\sqrt{3}$=380)。

(3) 安全电压:42 V,36 V,24 V,12 V,6 V。

(4) 安全特低电压:通常是指 36 V 及以下的电压。

2. 电阻

导体对电流的阻碍作用叫电阻,用符号 R 表示,基本单位为欧姆(Ω)。常用的较大单位还有千欧(kΩ)、兆欧(MΩ),它们之间的关系是 1 kΩ=1 000 Ω,1 MΩ=1 000 kΩ=10^6 Ω。

3. 电流强度

指单位时间内通过某一导体截面的电量,用符号 I 表示,单位为安培(A)。常用的单位还有千安(kA)、毫安(mA)和微安(μA),它们之间的关系是 1 kA=1 000 A,1 A=1 000 mA,1 mA=1 000 μA。

4. 交流电路

电压或电流的大小和方向随时间作周期性变化的电路,叫交流电路。

5. 频率

交流电在 1 s 内按正弦规律变化的周数叫频率,它也是衡量正弦交流电变化快慢的物理量,用符号 f 表示。频率的单位是赫兹(Hz),常用的较大单位还有千赫(kHz)、兆赫(MHz)。它们之间的关系是 $1\ \text{MHz} = 10^3\ \text{kHz} = 10^6\ \text{Hz}$。

在我国的电力系统中,国家规定动力和照明用电的频率为 50 Hz,习惯上称为工频,其周期为 0.02 s。

6. 有效值

交流电的有效值是根据其热效应来确定的。若把一交流电流 i 和一直流电流 I 分别通过同一电阻 R,如果在相同的时间内产生的热量相等,则此直流电的数值就叫作该交流电的有效值。也就是说,交流电的有效值等于其热效应相当的直流电值。交流电动势、电压和电流的有效值分别用大写字母 E,U 和 I 表示。

在工程计算与应用中,所使用的电压、电流的数值都是指有效值。例如,照明电路电源的电压为 220 V,动力电路的电压为 380 V,以及用交流电工仪表测量出来的电流、电压都是指有效值。所有使用交流电源的电器产品铭牌上标注的额定电压、额定电流等也都是指有效值,且有效值等于最大值的 $1/\sqrt{2}$ 倍。

7. 正弦交流电的功率

1)有功功率

电路中的有功功率通常指电阻在交流电一个周期内消耗的功率,以符号 P 表示,其表达式为

$$P = UI\cos\varphi = S\cos\varphi \tag{1-1}$$

式中　P——有功功率(W);

　　　U——加在电阻两端的交流电压有效值(V);

　　　I——通过电阻的交流电流有效值(A);

　　　S——视在功率(VA);

　　　$\cos\varphi$——功率因数。

2)无功功率

电路中无功功率就是电感线圈磁场能量交换的规模,以符号 Q 表示,其表达式为

$$Q = P\tan\varphi = UI\sin\varphi = S\sin\varphi \tag{1-2}$$

式中　Q——无功功率(Var);

　　　U——加在电阻两端的交流电压有效值(V);

　　　I——通过电阻的交流电流有效值(A)。

3)视在功率

对于电源来说,其输出的总电流与总电压有效值的乘积叫作视在功率,用符号 S 表示,单位为伏安(VA)或千伏安(kV·A)。用公式表示为

$$S = IU \qquad\qquad (1-3)$$

$$S = \sqrt{P^2 + Q^2} \qquad\qquad (1-4)$$

4)功率因数

有功功率 P 和视在功率 S 的比值等于 $\cos\varphi$,即

$$\cos\varphi = \frac{P}{S} \qquad\qquad (1-5)$$

式中,$\cos\varphi$ 叫作电路的功率因数,φ 为功率因数角。

有功功率、无功功率、视在功率三者关系可以用功率三角形表示,如图 1-2 所示,其中 φ 是 $u(t)$(瞬时电压)与 $i(t)$(瞬时电流)的相位差。

功率因数的大小取决于电路负载的电阻 R 和阻抗 Z 的比值。功率因数是电力供应系统之中一个非常重要的参数,通常要求负载要有较高的功率因数,这是因为:

(1)如果功率因数过低,电源设备的能量就不能充分利用,电源的利用率就越低。

(2)功率因数 $\cos\varphi$ 越低,线路中的电流 I 越大。电流 I 越大,线路中的功率损耗越大,输电效率就越低。

因此,在实际的供电中,供电部门规定各用电单位的功率因数 $\cos\varphi$ 不得低于 0.9。如果功率因数达不到标准,就要设法提高功率因数。

8. 三相交流电

三个频率相同、最大值相同、相位上依次互差 120°的交流电,称为三相交流电。由于在发电、配电、用电等方面三相交流电比单相交流电优越,所以三相交流电得到广泛的应用。三相交流电是用三相发电机产生的,三相发电机有三个绕组,每相绕组相当于一个单相电源,把三个绕组产生的互差 120°的同频单相交流电连接,就产生出三相交流电。三相交流电的功率三角形如图 1-3 所示。

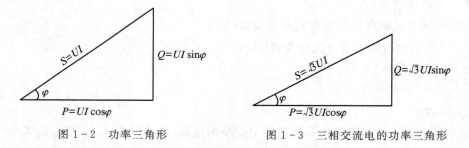

图 1-2　功率三角形　　　　图 1-3　三相交流电的功率三角形

三相负载有功功率和视在功率及电流的表达式分别为

$$P = \sqrt{3}\,U_{线}\,I_{线}\,\cos\varphi \qquad I_{线} = P/(\sqrt{3} \times U_{线} \times \cos\varphi) \qquad (1-6)$$

$$S = \sqrt{3}\,U_{线}\,I_{线} \qquad\qquad I_{线} = S/(\sqrt{3} \times U_{线}) \qquad\qquad (1-7)$$

式中　P——三相负载有功功率(W);

S——三相负载视在功率(VA);

$U_{线}$——三相负载的线电压(V);

$I_\text{线}$——三相负载的线电流(A);

$\cos\varphi$——功率因数。

1.1.3 相线与零线

把发电机绕组的三个末端 X,Y,Z 连接在一起,形成一个公共点 N,称为中性点,由 N 点引出的导线称为中性线,若中性点接地,则该点称为零点,由零点引出的导线称为零线。由 A,B,C 三个起端分别引出的导线称为相线(或称为端线、火线),发电机的这种连接方法,叫作星形连接。这种从电源由四根导线供电的方式称作三相四线制。如果由电源只引出三根相线,则叫作三相三线制。目前建筑工地上,电源大多数采用三相四线制。在发电机做星形连接的供电线路中存在两种电压:各条相线与零线的电压称为相电压,有效值用 U_A,U_B,U_C 表示;两条相线之间的电压叫作线电压,其有效值用 U_{AB},U_{BC},U_{CA} 表示。下标的顺序用以表明线电压的正方向,例如:A,B 两条相线间的线电压 U_{AB},其正方向规定为由 A 线指向 B 线,书写时不能颠倒。

(1)线电压在数值上等于相电压的 $\sqrt{3}$ 倍。

(2)各线电压的相角比它所对应的相电压超前 30°。

发电机绕组还可以做三角形连接,就是把 A 相绕组的末端 X 与 B 相绕组的起端 B 相连,同样把 B 相的末端 Y 与 C 相的起端 C 相连,C 相的末端 Z 与 A 相的起端 A 连接。由三个接点引出三条导线对外供电。可见,当发电机绕组做三角形连接时,没有零线引出。在用电时只能得到线电压 U_{AB},U_{BC},U_{CA}。

在三相低压供电系统中,广泛采用的是 380/220 V 三相四线制(增加一条保护零线又称三相五线制)供电,它存在两种电压,可供给不同负载的需要,三相动力负载能够用得到三相 380 V 的线电压,而照明、单相电热、家用电器等单相负载可以用每相 220 V 的相电压。

1.1.4 电气识图基础知识

电气控制系统是由电动机和若干电器元件按照一定要求连接组成,以便完成生产过程控制特定功能的系统。为了表达生产机械电气控制系统的组成及工作原理,同时也便于设备的安装、调试和维修,而将系统中各电器元件及连接关系用一定的图样反映出来,在图样上用规定的图形符号表示各电器元件,并用文字符号说明,这样的图样叫作电气图。

常用的电气图包括电气原理图、电器元件布置图、电气安装接线图。常用电气图形和文字符号见表 1-1。

表 1-1   常用电气图形和文字符号

序号	名　称	图形符号	文字符号
1	隔离开关		QS
2	低压断路器		QF

续表

序号	名　　称	图形符号	文字符号
3	熔断器		FU
4	交流电动机		M
5	漏电断路器		RCD
6	配电箱	总配电箱	
		分配电箱	
		开关箱	
7	变压器		TM
8	电缆线	交流配电线路(3)	W
		交流配电线路(4)	
		交流配电线路(5)	
9	接地		
10	接线端子排		XT
11	故障		

1.2　建筑施工临时用电的电力负荷

1.2.1　建筑施工现场的临时用电电源

　　建筑施工现场的临时用电电源,既要符合供电的基本要求,又要考虑其临时性的特点。视具体情况不同,常采用以下方法进行供电。

（1）借用就近的变压器供电。一般工厂企业的变压器都留有一定的备用量,利用这些电源能节省大量投资。

（2）对于新开设工程,可以利用附近的高压电网,根据施工组织设计的要求,计算出用电总量,向供电部门提出临时用电申请,设置临时用电变压器或申请使用附近低压电源。

（3）对于边远未通电地区和有特殊要求时可以设置自备发电机。

1.2.2　建筑施工现场临时用电供电要求

施工技术人员在进行组织设计时,必须认真考虑建筑施工现场临时用电的特殊性,合理安排用电,以达到节约用电,降低工程造价,保证工程质量、工程进度和安全生产的目的。

建筑施工现场的用电设备,主要有动力设备和照明两类,所采用的电压是 380/220 V。但是施工的环境比较差,通常在露天作业,用电设备易受风沙、雨雪、水溅、污染和腐蚀影响;用电设备的流动性较大,临时性强,一个建筑工程完成后则转移;负荷变动大,受工程进度影响较大。

1.2.3　建筑施工现场临时用电设备的工作制

所谓电力负荷就是指系统中用电设备消耗的电流或功率。由于电力负荷的大小与用电设备的工作制有很大关系,因此,在进行负荷计算之前,先讨论用电设备的工作制。建筑施工现场临时用电设备,按工作划分,可分为长期连续工作制的设备和反复短时工作制的设备。

（1）长期连续工作制的设备,长期连续运行,负荷比较稳定,如建筑施工现场的照明、水泵、搅拌机、卷扬机、电锯、木工机械等。

（2）反复短时工作制的设备,时而工作,时而停歇,如此反复运行,如建筑施工现场的电焊机、吊车电动机等。反复短时工作的设备可用暂载率来表征其性质。暂载率为一个工作周期内工作时间与工作周期的百分比,其符号用 JC 表示。如某电焊机的暂载率为 65%,其含义是该电焊机在一个工作周期内只能用 65% 的时间进行满负载焊接,否则就要过热烧毁;反过来说,如果该电焊机在 65% 及以下的负载下就可以连续工作。

1.3　需要系数法确定计算负荷

负荷是电力负荷的简称,从广义上说,所谓负荷,是指电气设备(例如变压器、发电机、配电装置、配电线路、用电设备等)中的电流和功率。

负荷计算就是计算电气设备中的电流或功率。这些按照一定方法计算出来的电流或功率称为计算电流或计算功率。负荷计算也可以是求出电气设备在正常状态下,从电网吸取的电流或功率。所谓满载,是指负荷达到了电气设备铭牌所规定的数值。

负荷计算是建筑施工现场临时用电设计的基本依据。负荷计算是否合理,将直接影响电器和导线的选择是否经济合理。

1.3.1　设备容量的换算

负荷计算中的所谓设备容量或额定负荷 P_e 不能简单地理解为用电设备的铭牌功率或容量,而是根据用电设备的工作性质经换算后得到的换算功率或容量。以下介绍各种用电设备容量的换算方法。

1）长期工作制的用电设备容量

对于长期工作制的用电设备,其设备容量就等于铭牌设备容量。

2）反复短时工作制用电设备容量

对于反复短时工作制用电设备,设备容量就是将设备在某一暂载率下的铭牌容量换算到一个标准暂载率下的功率。

（1）对于电焊机,要统一换算到 $JC=100\%$,因此设备容量为

$$\begin{cases} S_S = \sqrt{\dfrac{JC}{JC_{100}}} \cdot S_e = \sqrt{JC} \cdot S_e \quad （交流电焊机）\\[3mm] P_S = \sqrt{\dfrac{JC}{JC_{100}}} \cdot P_e = \sqrt{JC} \cdot P_e \quad （直流电焊机） \end{cases} \qquad (1-8)$$

式中　S_e——电焊机的铭牌额定容量(交流电焊机铭牌容量用视在功率给出)；

　　　JC——与 S_e 相对应的暂载率；

　　　JC_{100}——其值为 100% 的暂载率；

　　　P_e——电焊机的铭牌额定功率(直流电焊机的铭牌容量用有功功率给出)。

（2）对于吊车电动机,要统一换算到 $JC=25\%$,因此设备容量为

$$P_S = \sqrt{JC/JC_{25}} \cdot P_e = 2\sqrt{JC} \cdot P_e \qquad (1-9)$$

式中　P_e——是指吊车电动机的铭牌额定容量；

　　　JC——与 P_e 相对应的暂载率。

3）照明设备的设备容量

（1）白炽灯、碘钨灯的设备容量 P_S 是指灯泡上标注的额定功率；

（2）日光灯要考虑镇流器的功率损耗,其 P_S 可选为灯管功率 P_e 的 1.2 倍；

（3）高压水银荧光灯的设备容量 P_S 取灯泡额定功率 P_e 的 1.2 倍；

（4）对于采用镇流器的金属卤化物灯,其设备容量 P_S 为灯泡额定功率 P_e 的 1.1 倍。

4）单相用电设备的设备容量

应将单相用电设备均匀地分散在三相上,力求三相基本平衡。设计时,《规范》规定,在计算范围内单相用电设备的总容量不超过三相用电设备的 15% 时,可按三相负载考虑,即设备容量等于所有单相总容量。如单相用电设备的不对称容量大于三相用电设备总容量的 15% 以上的数值时,则设备容量 P_S 按 3 倍最大相负荷计算的原则进行计算。根据不同的接法有：

（1）单相用电设备接于相电压：

$$P_S = 3P_{emax} \quad 或 \quad S_S = 3S_{smax} \qquad (1-10)$$

式中,P_{emax}——三相中单相用电设备的额定功率之和的最大值；

　　　S_{smax}——接于线电压的三相中单相用电设备的额定功率之和的最大值。

（2）单相用电设备接在线电压上：

$$P_S = \sqrt{3}P_{emax} \quad 或 \quad S_S = \sqrt{3}S_{smax} \qquad (1-11)$$

式中符号含义同上式。

1.3.2　按需要系数法确定计算负荷

建筑施工现场有许多用电设备,有以下几个问题需要考虑：

（1）各用电设备不一定同时运行；

（2）各用电设备不可能同时满负荷运行；

（3）设备运行时存在效率损耗，即设备存在功率损耗；

（4）不同的设备其工作制并不相同；

（5）输电线路、变压器等本身存在能量的损耗。

因此，用电设备的实际负荷 P_{js} 与设备容量 P_S 之间并不相等，存在如下的关系：

$$P_{js} = K_x P_S \qquad (1-12)$$

式中　　P_{js}——有功计算负荷（kW）；

　　　　K_x——需要系数（无单位）；

　　　　P_S——根据每台设备的性质，把设备铭牌容量换算到长期工作制的设备总容量。

从式（1-12）可以看出，需要系数 K_x 就是用电设备在最大负荷时的有功功率 P_{js} 与设备总容量 P_S 的比值。

目前，建筑施工现场临时用电设备组尚未有统一的需要系数，尽可能通过实测分析确定。在无法获得需要系数 K_x 和 $\cos\varphi$ 的情况下，表 1-2 列出了施工现场用电设备的需要系数 K_x、暂载率 JC 及 $\cos\varphi$，仅供大家参考。

表 1-2　　　　　　　　　　　需要系数 K_x、暂载率 JC 及 $\cos\varphi$

用电设备	数量	需要系数		暂载率 JC	$\cos\varphi$	备注
		K_x	数值			
一般电动机	1~2 台	K_1	1		0.68	为使计算结果接近实际，各需要系数 K_x 应根据不同工作性质分类选取
	3~10 台		0.7			
	11~30 台		0.6		0.65	
	30 台以上		0.5		0.6	
加工厂动力设备						
电焊机	1 台	K_2	1	BX300：0.65 BX500：0.65	交流：0.45~0.47 直流：0.89	
	2 台		0.65			
	3~10 台		0.6	对焊机 UN-100：0.2	交流：0.4 直流：0.87	
	10 台以上		0.5			
室内照明		K_3	0.8		1.0	
室外照明		K_4	1		1.0	

实际上，需要系数不仅与用电设备的工作性质、设备的台数、设备的效率和线路损耗有关，而且还与工人的技术熟练程度和生产组织等多种因素有关，因此应尽可能通过实测分析确定，使之与实际接近。

在求出有功计算负荷 P_{js} 后，就可按式（1-13）计算出视在计算负荷（单位一般用 kV·A）：

$$S_{js} = \frac{P_{js}}{\cos\varphi} \qquad (1-13)$$

按式（1-14）可计算出计算电流（单位一般用 kA）：

$$I_{js} = \frac{P_{js}}{(\sqrt{3}U_e\cos\varphi)} = \frac{S_{js}}{\sqrt{3}U_e} \qquad (1-14)$$

式中　U_e——用电设备的额定电压(单位一般用 kV);

　　　$\cos\varphi$——用电设备组的平均功率因素。

1.3.3　总配电箱的计算负荷

总配电箱的计算负荷在一般情况下,实际上就是施工现场总的视在计算负荷。施工现场临时用电负荷计算方法有需要系数法、二项式法等,对于房屋建筑工程施工现场多采用需用系数法计算用电负荷。在需要系数法中有两种计算方法。

1) 按用电设备组方法计算负荷

$$\left.\begin{array}{l} P_{js} = K_x \sum P_e; \\[2mm] Q_{js} = P_{js}\tan\varphi; \\[2mm] S_{js} = \sqrt{P_{js}^2 + Q_{js}^2} = \dfrac{P_{js}}{\cos\varphi}; \\[2mm] I_{js} = \dfrac{S_{js}}{\sqrt{3}U_e} \end{array}\right\} \qquad (1-15)$$

式中　P_{js}——用电设备组的有功计算负荷(kW);

　　　Q_{js}——用电设备组的无功计算负荷(kVar);

　　　S_{js}——用电设备组的视在计算负荷(kV·A);

　　　$\sum P_e$——用电设备组的设备容量总和(kW);

　　　K_x——用电设备组的需要系数,通过长期观察和分析,发现同一类的用电设备组,其负荷曲线都很相似,其需要系数都较相近,其值可根据大量实测数据按统计规律计算出来,可参照表 1-3 选取,若同类用电设备较少,例如只有 1~3 台,则可取 $K_x=1.0$。

按用电设备组方法计算负荷是将施工现场用电系统的全部用电设备看作一个用电设备组,并且知悉同类施工现场用电系统的总需要系数 K_x 和平均功率因数 $\cos\varphi$,则可方便地计算施工现场用电系统的总计算负荷。这里所说的"同类施工现场用电系统"是指工程规模相同,工程结构、施工工艺相似,用电设备种类、数量相近的用电系统,为了得到所需要的 K_x 值、$\cos\varphi$ 值,可通过在实验室或总配电箱处设置功率自动记录仪和功率因素表进行实测。如果上述条件不具备,各用电设备应按需要系数 K_x 的不同分类值划分若干用电设备组进行计算后相加,需要系数 K_x 也可参考表 1-3 查取,但分类比较粗糙。

表 1-3　　　　　　　　　　　　用电设备组的 K_x,$\cos\varphi$ 及 $\tan\varphi$

用电设备组名称		K_x	$\cos\varphi$	$\tan\varphi$
混凝土搅拌机及砂浆搅拌机	10 台以下	0.7	0.68	1.08
	10 台以上	0.6	0.65	1.17
破碎机、筛洗石机、泥浆泵、空气压缩机、输送机	10 台以下	0.7	0.7	1.02
	10 台以上	0.65	0.65	1.17

续表

用电设备组名称		K_x	$\cos\varphi$	$\tan\varphi$
提升机、起重机、掘土机	10 台以下	0.3	0.7	1.02
	10 台以上	0.2	0.65	1.17
电焊机	10 台以下	0.45	0.45	1.98
	10 台以上	0.35	0.3	2.29
木工机械		0.7~1.0	0.75	0.88
钢筋机械		0.7~1.0	0.75	0.88
排水泵		0.8~1.0	0.8	0.75
白炽灯、碘钨灯		1.0	1.0	0
日光灯、高压汞灯		1.0	0.55	1.52
振捣器		0.7~1.0	0.65	1.17
电钻		0.7	0.75	0.88

注：设备数量越少，K_x 值应越大，且 $K_x \leqslant 1$。

2）简化估算方法

为了简化计算，根据某些施工现场的经验，一个施工现场的总的视在计算负荷（俗称总用电量）可按式（1-16）简化估算，即

$$
\left.
\begin{array}{l}
S_{\text{js}} = (1.05 \sim 1.1)\left[K_1\dfrac{\sum P_1}{\cos\varphi} + K_2\sum S_2 + K_3\sum P_3 + K_4\sum P_4\right] \\[3mm]
I_{\text{js}} = \dfrac{S_{\text{js}}}{\sqrt{3}\,U_{\text{e}}}
\end{array}
\right\} \quad (1-16)
$$

式中　P_1——电动机额定功率（kW）；

　　　S_2——电焊机额定功率（kV·A）；

　　　P_3——室内照明容量（kW）；

　　　P_4——室外照明容量（kW）；

　　　$\cos\varphi$——电动机的平均功率因数（一般取为 0.65~0.75）；

　　　K_1, K_2, K_3, K_4——需要系数，参见表 1-2。

上述两种方法相比之下，第二种方法比较方便，可直接用查表法计算，但计算结果误差偏大些，由于工程上尚可被接受，所以目前应用比较广泛。为了简化计算，本书将主要介绍第二种方法。

[**例 1-1**]　某建筑施工现场有如下用电设备：1 台塔吊，容量 100 kW，380 V，$JC=0.15$；1 台施工电梯，容量 15 kW，380 V；2 台搅拌机，容量各为 7.5 kW，380 V；2 台电焊机，容量各为 21 kV·A，380 V，$JC=65\%$，$\cos\varphi=0.87$；1 台物料提升机，容量 7.5 kW，380 V；室内照明 8 kW；室外照明 10 kW。求该建筑施工现场用电总负荷。

[**解**]　对于塔吊，应将设备铭牌容量转换到暂载率 $JC=25\%$ 下的设备容量，即

$$P_{\text{S1}} = 2\sqrt{JC_{\text{e}}} \cdot P_{\text{e}} = 2 \times \sqrt{0.15} \times 100 = 77.5 \text{ kW}$$

对于电焊机,应将设备容量转换到暂载率 $JC=100\%$ 下的设备容量,即

$$S'_{J2} = S_e \sqrt{JC_e} = 21 \times \sqrt{0.65} = 16.93 \text{ kV} \cdot \text{A}$$

同时,由于电焊机是单相用电设备接在线电压上,两台电焊机其总容量 $S=16.93\times2\times \cos\varphi=16.93\times2\times0.87=29.46 \text{ kW}$,已超过三相设备总容量的 $15\%[(77.5+15+7.5\times2+ 7.5)\times15\%=17.25 \text{ kW}]$,等效成三相用电设备后其设备容量为

$$S_{S2} = \sqrt{3} \times 16.93 = 29.32 \text{ kV} \cdot \text{A}$$

搅拌机的设备容量即为铭牌上所标的额定容量,即

$$P_{S3} = P_e = 7.5 \text{ kW}$$

施工电梯容量即为铭牌上所标的额定容量,即

$$P_{S4} = P_e = 15 \text{ kW}$$

物料提升机容量即为铭牌上所标的额定容量,即

$$P_{S5} = 7.5 \text{ kW}$$

$$\sum P_1 = P_{S1} + P_{S3} + P_{S4} + P_{S5} = 77.5 + 2 \times 7.5 + 15 + 7.5 = 115 \text{ kW}$$

$$\sum S_2 = 2 \times S_{S2} = 2 \times 29.32 = 58.64 \text{ kV} \cdot \text{A}$$

$$\sum P_3 = 8 \text{ kW}$$

$$\sum P_4 = 10 \text{ kW}$$

查表得:$K_1=0.7$;$K_2=0.65$;$K_3=0.8$;$K_4=1$;$\cos\varphi=0.68$。则整个建筑施工现场用电总负荷为

$$S_{js} = (1.05 \sim 1.1)\left[K_1 \frac{\sum P_1}{\cos\varphi} + K_2 \sum S_2 + K_3 \sum P_3 + K_4 \sum P_4 \right]$$

$$= 1.075 \times \left(0.7 \times \frac{115}{0.68} + 0.65 \times 58.64 + 0.8 \times 8 + 1 \times 10 \right) = 185.86 \text{ kV} \cdot \text{A}$$

$$I_{js} = \frac{S_{js}}{\sqrt{3} U_e} = \frac{185.86}{\sqrt{3} \times 0.38} = 282.39 \text{ A}$$

1.3.4 分配电箱的计算负荷

《规范》要求建筑施工现场的分配电箱至开关箱的水平距离不超过 30 m,在这么一个施工区域内,临时用电设备台数不会很多,一般不会超过 10 台,负荷计算时,一般不进行设备分组。根据经验,采用的需要系数取 0.9~1.0,设备台数少时取 1,多时取 0.9(若设备台数很多,超过 10 台,则其负荷计算可参照总配电箱的负荷计算)。功率因数可取电动机的平均功率因素,一般取 0.7~0.75。

分配电箱负荷计算如下:

$$I_{fn} = \frac{K_P \sum P_{fn}}{(\sqrt{3} U_{线} \cos\varphi)} + \frac{K_S \sum S_{fn}}{(\sqrt{3} U_{线})} \qquad (1-17)$$

式中　K_P，K_S——需要系数，二者相同，一般取 0.9～1；

　　　$\cos\varphi$——功率因数，取 0.7～0.75；

　　　$\sum P_{fn}$——分配电箱内电机类功率总和（kW）；

　　　$\sum S_{fn}$——分配电箱内焊机类功率总和（kV·A）；

　　　$U_{线} = 0.38$ kV。

[例 1-2]　某建筑施工现场一分配电箱控制的设备有：卷扬机 2 台，每台容量 14 kW，电压 380 V；电焊机 2 台，每台容量 21 kV·A，电压 380 V，$JC = 0.65$；电锯 1 台，容量 2.8 kW。试求该分配电箱的计算负荷。

[解]　1. 确定分箱内的设备容量

电焊机的总容量（考虑两方面因素：暂载率、单相用电转三相）为

$$\sum S_{f1} = 2 \times [\sqrt{3} \times (\sqrt{JC_e} \times S_e)] = 2 \times \sqrt{3} \times \sqrt{0.65} \times 21 = 58.65 \text{ kV·A}$$

（因单相电焊机容量已大大超过三相电机总容量的 15%，故应乘以 $\sqrt{3}$）

卷扬机设备容量：

$$P_{S2} = 2 \times P_e = 2 \times 14 = 28 \text{ kW}$$

电锯的容量：

$$P_{S3} = P_e = 2.8 \text{ kW}$$

分箱内电动机总容量：$\sum P_{f1} = 28 + 2.8 = 30.8$ kW。

2. 负荷计算

分配电箱的电流计算负荷（需要系数取 1，平均功率因数取 0.75）为

$$I_{fn} = K_P \times \sum P_{fn}/(\sqrt{3} U_{线} \cos\varphi) + K_S \sum S_{fn}/(\sqrt{3} U_{线})$$

$$I_{f1} = 1 \times 30.8/(\sqrt{3} \times 0.38 \times 0.75) + 1 \times 58.65/(\sqrt{3} \times 0.38) = 151.50 \text{ A}$$

1.3.5　开关箱的计算负荷

建筑施工现场临时用电，为了方便用电的控制，一般采用三级配电，即开关箱、分配电箱和总配电箱。各级的负荷计算，是选择开关电器的重要依据之一。

根据《规范》"一机一闸一箱"的要求，开关箱的计算负荷实际上是单台用电设备的计算负荷。对长期工作制单台用电设备，设备容量 P_S 实际上就是铭牌容量，但必须考虑到设备的效率，一般为

$$P_{js} = P_S = P_e/\eta \qquad (1-18)$$

$$I_{js} = P_{js}/(\sqrt{3} U_e \cos\varphi) = S_{js}/\sqrt{3} U_e \qquad (1-19)$$

[例1-3] 某建筑工地用一开关箱来控制搅拌机,已知搅拌机的铭牌功率为7.5 kW,电压为380 V,效率为0.8,功率因数为0.8,求该开关箱的计算负荷。

[解] 由于搅拌机属于长期工作制用电设备,其设备容量P_s等于该搅拌机的铭牌容量,即 $P_s = P_e = 7.5$ kW。所以 $P_{js} = P_s/\eta = 7.5/0.8 = 9.375$ kW

$$I_{js} = P_{js}/(\sqrt{3}U_e\cos\varphi) = 9.375/(\sqrt{3} \times 0.38 \times 0.8) = 17.8 \text{ A}$$

如不考虑设备的效率或无法获得,则设备容量P_s就按铭牌容量计算

$$P_{js} = P_e$$

1.4 尖峰电流的计算

1.4.1 概述

尖峰电流是持续$1 \sim 2$ s的短时最大负荷电流。一般用符号I_{jf}表示,单位为 A。它在建筑施工现场临时用电设计中用于协助选择熔断器、自动开关等电气设备。

1.4.2 单台用电设备尖峰电流的计算

单台用电设备的尖峰电流就是其起动电流,因此尖峰电流为

$$I_{jf} = K_q \cdot I_e \tag{1-20}$$

式中 I_e——用电设备的额定电流;

K_q——用电设备的起动电流倍数,鼠笼式电动机为$6 \sim 7$倍,绕线式电动机为$2 \sim 3$倍,直流电动机为1.7倍,电焊变压器为3倍或稍大。

1.4.3 多台用电设备尖峰电流的计算

引至多台用电设备上的尖峰电流按式(1-21)计算:

$$I_{jf} = I_{js} + (I_q - I_e)_{max} \tag{1-21}$$

式中 $I_q - I_e$——所有用电设备中起动电流与额定电流之差最大的那台设备的起动电流与额定电流之差;

I_{js}——全部用电设备接入时的计算电流。

也可换一种方法计算:

$$I_{jf} = I'_{js} + I_{qmax} \tag{1-22}$$

式中 I_{qmax}——容量最大设备的启动电流;

I'_{js}——除去容量最大设备,其余设备的计算电流之和。

习 题

1. 电力系统由哪几部分组成?
2. 为什么要采用高压输电?
3. 什么叫"电压"? 可分为哪几种?
4. 目前建筑工地上,电源大多采用何种供电方式?

5. 什么叫三相交流电？写出三相负载有功功率和视在功率的表达式。

6. 什么叫"三相四线制"？什么叫"三相三线制"？

7. 某施工现场的设备明细如表 1-4 所示,试计算该现场用电系统的总计算负荷。

表 1-4　　　　　　　　　　　　某施工现场设备明细表

编号	设备名称	型号及铭牌技术数据	数量	单机功率	合计功率
1	塔机	QTZ80 $JC=40\%$	1	31.7 kW	
2	混凝土拌和机	JZQ350	1	7.5 kW	
3	钢筋切断机	QJ-40	1	7.5 kW	
4	钢筋弯曲机	WJ40-1	1	3 kW	
5	电焊机	BX-300,$JC=65\%$	1	21 kV·A	
6	对焊机	UN-100,$JC=20\%$	1	100 kV·A	
7	水泵	3BA-9	1	7.5 kW	
8	振动器	B-11A	2	1.5 kW	
9	圆盘机	MJ-325	1	3 kW	
10	施工电梯	SCD200/200	1	21 kW	
11	室内照明			8 kW	
12	物料提升机	SSB-100		7.5 kW	
13	室外照明			10 kW	

第 2 章 临时用电配电室和自备电源设置

教学目标：了解变压器容量和型号的确定方法，施工现场配电室位置的选择和建筑上的要求，熟悉自备发电机组的选用和布置方法。

能力要求：能够根据施工现场用电负荷的计算结果和对配电室的相关要求，建造施工现场总配电室并合理选用变压器和自备发电机组。

2.1 变压器的类型与容量的选择

变压器是按照电磁感应原理工作的。铁芯和线圈是变压器的两个重要组成部分。铁芯是由高导磁率的冷轧硅钢片叠装而成，每片硅钢片厚度一般为 0.35 mm，片与片之间相互绝缘，主要起导磁作用。线圈由绝缘铜导线或铝导线绕制而成，主要起导电作用，现在大多采用铜线圈变压器。

变压器按冷却方式主要有油浸自冷式、油浸风冷式、强迫油循环冷却、水内冷变压器、干式变压器。目前建筑施工现场临时用电常用配电变压器为三相双线圈油浸自冷式降压变压器，主要的型号为 S9 系列（表 2-1 为 S9 系列变压器主要技术参数）。

图 2-1 是 S9 系列变压器型号的含义。

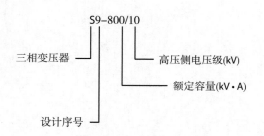

图 2-1 S9 系列变压器型号含义

变压器的容量选择主要根据第 1 章中按用电设备组计算负荷的方法以及预期的负荷增长等情况进行合理的选择，然后对照相应的容量规格确定。

变压器容量：$\qquad\qquad SB=(1+15\%)\times S_{js}$ $\qquad\qquad$ (2-1)

考虑变压器的本身存在电量损耗，一般可取 15%。

如按照第 1 章中的简化估算方法计算，则可直接按计算结果对照变压器的容量规格确定。

变压器的类型选择原则是供电运行可靠，技术经济合理，优先选择性能更先进的节能变压器，以降低运行费用，见表 2-1。

2.2 配电室的设计

大多数施工现场的临时用电均采用专用变压器，因此，在向供电部门申请供电容量时，

表 2 - 1 　　　　　　　　　　　　**S9 系列 10 kV 配电变压器技术参数**

型号	额定容量 /kV·A	电压组合			联结组	空载	负载	空载	阻抗
		高压/kV	高压分接范围	低压/kV	标号	损耗/kW	损耗/kW	电流	电压
S9 - 50/10	50	10				0.17	0.87	2%	4%
S9 - 63/10	63	10				0.2	1.04	1.9%	4%
S9 - 80/10	80	10				0.25	1.25	1.8%	4%
S9 - 100/10	100	10				0.29	1.5	1.6%	4%
S9 - 125/10	125	10				0.34	1.8	1.5%	4%
S9 - 160/10	160	10				0.4	2.2	1.4%	4%
S9 - 200/10	200	10				0.48	2.6	1.3%	4%
S9 - 250/10	250	10	±5	0.4	Yyn0	0.56	3.05	1.2%	4%
S9 - 315/10	315	10				0.67	3.65	1.1%	4%
S9 - 400/10	400	10				0.8	4.3	1%	4%
S9 - 500/10	500	10				0.96	5.1	1%	4%
S9 - 630/10	630	10				1.2	6.2	0.9%	4.5%
S9 - 800/10	800	10				1.4	7.5	0.8%	4.5%
S9 - 1000/1	1000	10				1.7	10.3	0.7%	4.5%
S9 - 1250/10	1250	10				1.95	12	0.6%	4.5%
S9 - 1600/10	1600	10				2.4	14.5	0.6%	4.5%

为符合当地供电部门的相关用电规范,一般均委托当地供电部门设计变配电所。在其设计的低压柜中,如空间许可,可安装总漏电保护器,其他各电器元件的设置符合《规范》要求,则可将其视为总配电箱。

在某些规模较大的施工现场里,由于临时用电负荷较大,常常设置一个配电室作为总的配电枢纽,其内部设置的配电柜在供配电系统中的地位和作用相当于大多数施工现场中的总配电箱。但是与总配电箱设置不同的是,配电室内还需要一个能够保证配电柜合理布置和安全运行与操作、维护的空间。所以,对配电室来说,其设置不仅应满足上述配电系统设置规则中的一般要求,而且在其位置选择、布置方案和建筑结构等方面还应满足某些特定要求。以下将主要对配电室设置的这些特定要求分类予以说明。

2.2.1　配电室的位置

按照《规范》的规定,配电室的位置应结合施工现场的实际状况按下述原则综合考虑确定。

(1)靠近电源。

(2)靠近负荷中心。

(3)进、出线方便。

(4)周边道路畅通。

(5)周围环境灰尘少、潮气少、振动少,无腐蚀介质,无易燃易爆物,无积水。

（6）避开污源的下风侧和易积水场所的正下方。

2.2.2 配电室的布置

配电室的布置主要是指配电室内配电柜的空间排列。按照《规范》的规定,配电室的布置应符合下列要求:

（1）配电柜正面的操作通道宽度:单列布置或双列背对背布置时不小于1.5 m;双列面对面布置时不小于2 m。

（2）配电柜后面的维护通道宽度,单列布置或双列面对面布置不小于0.8 m;双列背对背布置时不小于1.5 m;个别地点有建筑物结构突出的空地,则此点通道宽度可减少0.2 m。

（3）配电柜侧面的维护通道宽度不小于1 m。

（4）配电室内设值班室或检修室时,该室边缘距配电柜的水平距离大于1 m,并采取屏障隔离。

（5）配电室内的裸母线与地面通道的垂直距离不小于2.5 m,小于2.5 m时应采用遮栏隔离,遮栏下面的通道高度不小于1.9 m。

（6）配电室围栏上端与其正上方带电部分的净距不小于0.075 m。

（7）配电装置上端(含配电柜顶部与配电母线排)距天棚不小于0.5 m。

（8）配电室经常保持整洁,无杂物。

上述关于配电室布置的规定,主要是为配电柜操作、巡检、维护提供安全、方便的空间和通道,并且保证配电柜带电部分及配电母线周边一定范围内,当工作人员操作、巡检时有充分可靠的电气安全距离。

2.2.3 配电室的建筑

配电室的建筑应与配电室的布置相适应,按照《规范》的规定,具体地说应满足如下要求:

（1）配电室的面积满足配电柜空间排列的要求。

（2）配电室天棚的高度为距离地面不低于3 m。

（3）配电室的门向外开并配锁,以方便工作人员出入,防止闲杂人员随意出入。

（4）配电室门窗能自然通风和采光。

（5）配电室屋面有保温隔层及防水、排水措施;配电室的地面应高出施工现场自然地面200 mm,以防水淹。

（6）配电室建筑结构能避免小动物进入,特别是能防止鼠类等小动物进入电器、母线间,造成线间或相地间短路故障或咬坏电线、电缆。宜在门口安装600 mm高的防鼠挡板。

（7）配电室建筑的耐火等级不低于三级,同时室内配置砂箱和可用于扑灭电气火灾的灭火器。

2.2.4 配电室的照明

配电室的照明应包括两个彼此独立的照明系统:一是正常照明,二是事故照明,事故照明应不受配电室总配电箱控制。照明装置不应设置于柜顶,应设置在操作和检修侧。

2.2.5 配电柜的设置

除配电室的设置以外,还要明确在配电室内配电柜的设置问题。在设有配电室的施工现场里,设置于配电室里的配电柜就是现场临时用电工程的总配电装置,相当于某些施工现场里的总配电箱。按照《规范》有关配电柜设置方面的规定,配电柜在电器配置、电测与计量仪表配置、电气接线,以及使用操作方面应关注的问题可归纳如下:

(1) 用电量较大、用电数量较多的施工现场,可设总配电柜和分配电柜。总配电柜的电器配置与接线相当于某些施工现场里总配电箱中的总路电器配置与接线;各分配电柜的电器配置与接线相当于分配电箱中各分路的电器配置与接线。

(2) 配电柜应编号,并应有配电柜功能标记,以防停送电误操作。

(3) 配电柜或配电线路停电维修时,应挂接地线,并应悬挂"禁止合闸、有人工作"停电标志牌,停送电必须由专人负责。

2.3　自备发电机组

施工现场临时用电工程一般是由外电线路供电。但是,常因外电线路电力供应不足或其他原因停止供电,使施工受到影响。为了保证施工不因停电而中断,现场需设置备用发配电系统,为外电线路停止供电时接续供电。目前施工现场一般采用柴油发电机组作为自备电源。

2.3.1　自备发电机组的选择

自备发电机组的额定电压等级应与外电线路供电时的现场电压等级一致,其容量可根据第 1 章施工现场临时用电的负荷计算来选择,并须满足持续供电计算负荷的需要。对于单纯由自备发电机组供电的施工现场,其容量应按全现场计算负荷确定。

2.3.2　自备发电机室的位置和布置要求

自备发电机组作为一个持续供电电源,其位置选择与配电室的位置选择遵循的原则基本相同。

(1) 应该设置在靠近负荷中心的地方,并与变电所、配电室的位置相邻。

(2) 安全、合理,便于与已设临时用电工程联系。

(3) 发电机组一般设置在室内,以免风、沙、雨、雪以及强烈阳光对其侵害。

(4) 发电机组及其控制、配电、修理室等可以分开设置,也可以合并设置。无论如何设置,都要保证电气安全距离,并满足防火要求。特别值得注意的是,发电机组的排烟管道必须伸出室外,并且在其相关的室内或周围地区严禁存放贮油桶等易燃、易爆物品。为了保证发电机正常运行,需要在现场临时放置油桶,除此以外还应有消防措施。

2.3.3　自备发配电系统

(1) 自备发配电系统采用具有专用保护零线的,中性点直接接地的三相四线制供配电系统,与由外电线路供电的配电系统形式一致。

(2) 自备发配电系统运行时,必须与外电线路电源(例如电力变压器)部分在电气上完全隔离,即所谓独立设置,以防止自备发电机供配电系统通过外电线路电源变压器低压侧向高压侧反馈送电,造成危险。

(3) 自备发电机电源与外电线路电源在电气上必须互相联锁,严禁并列运行,即或者由外电线路电源单独供电,或者由自备发电机电源单独供电,二者不得同时并联供电。

习 题

1. 配电室的建筑有哪些要求？
2. 配电室的照明分为哪两个系统？照明装置应设在何处？
3. 变压器的容量和型号如何选用？目前建筑施工现场临时用电常用哪种配电变压器？

第 3 章　临时用电配电及 TN-S 系统概述

教学目标： 了解配电的含义、配电系统的组成，熟悉三级配电二级保护的优点和具体要求，掌握 TN-S 接零保护系统保护原理。

能力要求： 能够在施工现场，正确合理地设置三级配电二级保护系统，在施工过程中能熟练管理和督促检查 TN-S 系统的有效运行。

3.1　施工现场配电系统

配电顾名思义就是分配电能，即接受外来电源并向各用电设备分配电能。

施工现场配电系统组成：

（1）配电线路，包括架空线、电缆、室内配线。

（2）低压配电装置，包括配电屏、配电箱。

（3）控制设备，包括开关箱、控制电器。

（4）用电设备，包括各种电动机械、电动工具和照明灯具。

3.2　三级配电，二级保护

《规范》规定，建筑施工现场临时用电工程专用的电源中性点直接接地的 220/380V 三相四线制低压电力系统，必须符合下列规定。

1）采用三级配电系统

即施工现场任何用电设备的电源都必须通过总配电箱、分配电箱、开关箱，然后到达用电设备。

三级配电具有以下优点：

（1）有利于配电系统停、送电的安全操作；

（2）有利于配电系统检修、变更、移动、拆除时有效断电，并能使断电范围缩至最小；

（3）有利于提高配电系统故障（短路、过载、漏电）保护的可靠性和层次性。

三级配电系统示意图如图 3-1 所示。

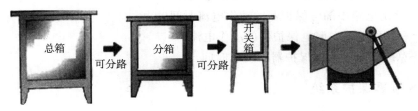

图 3-1　三级配电系统（一箱一机一闸一漏电保护）

2）采用不少于二级漏电保护系统

施工现场至少应在总配电箱处设置漏电保护器，作为初级漏电保护；在开关箱处，设置末级漏电保护器。这样就形成了施工现场临时用电线路与设备的"二级漏电保护";并且其额定动作电流和动作时间应合理匹配,使其具有分级保护功能,避免越级误跳。

在实际应用中,施工现场可根据实际情况,增加分配电箱的级数或在分配电箱中增设漏电保护器,形成三级以上配电和二级以上保护,但必须要考虑上下级电器元件参数的匹配,防止误动作。在分配箱加装漏电保护器,这级保护不但对线路和用电设备有监视作用,而且还可以对开关箱起补充保护作用,提供间接漏电保护。

三级配电、二级保护漏电保护器参数设置原则如图3-2所示。

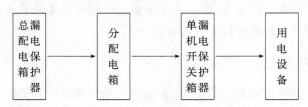

动作电流 $I_{\triangle n总} > 30\ \text{mA}$ 动作电流 $I_{\triangle n开} \leqslant 30\ \text{mA}$
动作时间 $T_总 > 0.1\ \text{s}$ 动作时间 $T_开 \leqslant 0.1\ \text{s}$
$I_{\triangle n总} \times T_总 \leqslant 30\ \text{mA} \cdot \text{s}$

图3-2　三级配电、二级保护漏电保护器参数设置原则

三级配电、三级保护漏电保护器参数设置原则如图3-3所示。

动作电流 $I_{\triangle n总} > I_{\triangle n分}$ 动作电流 $I_{\triangle n分} > I_{\triangle n开}$ 动作电流 $I_{\triangle n开} \leqslant 30\ \text{mA}$
动作时间 $T_总 > T_分$ 动作时间 $T_分 > T_开$ 动作时间 $T_开 \leqslant 0.1\ \text{s}$
$I_{\triangle n总} \times T_总 \leqslant 30\ \text{mA} \cdot \text{s}$ $I_{\triangle n分} \times T_分 \leqslant 30\ \text{mA} \cdot \text{s}$

图3-3　三级配电、三级保护漏电保护器参数设置原则

图3-2、图3-3中,各符号含义如下:

$I_{\triangle n开}$——开关箱中漏电保护器的动作电流;

$T_开$——开关箱中漏电保护器的动作时间;

$I_{\triangle n分}$——分配电箱中漏电保护器的动作电流;

$T_分$——分配电箱中漏电保护器的动作电流时间;

$I_{\triangle n总}$——总配电箱中漏电保护器的动作电流;

$I_总$——总配电箱中漏电保护器的动作时间。

3.3　TN-S 接零保护系统

3.3.1　TN-S 系统的基本概念

TN-S 系统即具有专用保护零线的保护接零系统,见图3-4。

TN 系统是三相四线配电网低压中性点直接接地,电气设备金属外壳采取接零措施的系统。

"T"表示中性点直接接地,"N"表示电气设备金属外壳接零,"S"表示其保护零线与工作零线分开(专用保护零线)。

TN-S 系统安全原理是一旦设备出现外壳带电(图 3-4 中粗线箭头),接零保护系统能将漏电电流上升为短路电流,这个电流很大(实际上就是单相对地短路故障),熔断器的熔丝会被熔断,低压断路器的脱扣器会立即动作而跳闸,使故障设备断电,比较安全。

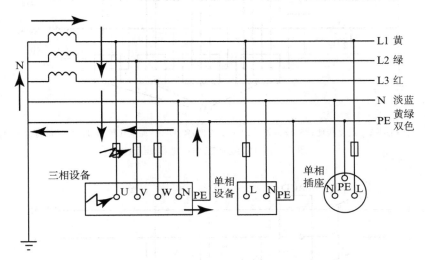

图 3-4　TN-S 接零保护系统原理图

从图 3-4 可知,TN-S 系统实际上就是三相五线制,其中有三根相线(L1,L2,L3)、两根零线(N,PE)。

N 线为工作零线,功能如下:

(1)为单相设备提供 220 V 电压;

(2)传导三相系统中的不平衡电流;

(3)减小三相负荷中性点的电位偏移。

PE 线为专用保护零线,功能为保障人身安全、防止发生触电事故。PE 线一般应接在设备的金属外壳上。因此,在采用 TN-S 接零保护系统时,设备的电源电缆或电源导线要比一般供电多一根保护零线。

3.3.2　TN-S 系统的要求

1. **基本要求**

(1)工地专用变压器供电的 TN-S 接零保护系统,保护零线(PE 线)必须由工作接地线、配电室(总配电箱)电源侧或总漏电保护器(RCD)电源侧零线处引出(图 3-5)。

(2)共用变压器三相四线供电时局部 TN-S 接零保护系统,PE 线必须由电源进线零线重复接地处或总漏电保护器电源侧零线处引出(图 3-6、图 3-7)。

(3)必须保证 PE 线的独立性。

(4)在同一供电系统中,不允许一部分设备采用保护接地,而另一部分采用保护接零,原因如下:当某台接地设备的某相外壳对地短路,而设备的熔丝或保护元件的动作电流值

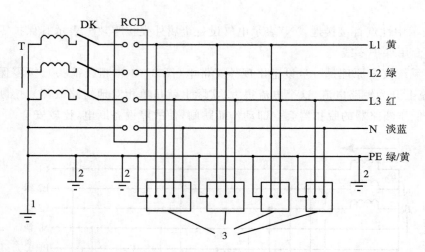

1—工作接地;2—重复接地;3—设备外壳;T—变压器;RCD—总漏电保护器;DK—总电源隔离开关

图3-5　PE线从工作接地线处引出

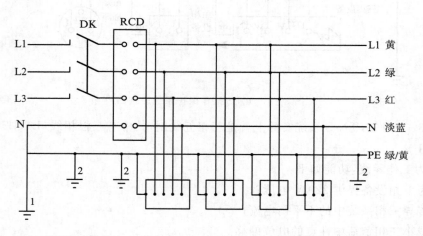

1—NPE线重复接地;2—重复接地;RCD—总漏电保护器;DK—总电源隔离开关

图3-6　PE线从电源进线零线重复接地处引出

较大时,所产生的漏电电流不足以切断电源,这时,接地电流产生的压降将使电网中性线的电压升高,人若触及接零电气设备的外壳,将会触电,如图3-8所示。

2. 对PE线的安全技术要求

(1) 在PE线上严禁装设开关或熔断器,严禁通过工作电流且严禁断线。

(2) PE线的绝缘颜色为绿/黄双色,此颜色标记在任何情况下严禁混用和互相代用。

(3) PE线在电箱内必须通过独立的(专用)接线端子板连接,并且保证连接牢固可靠;不得采用缠绕接头。

(4) PE线必须采用绝缘导线。配电装置和电动机械相连接的PE线应为不小于2.5 mm² 的绝缘多股铜线;手持式电动工具的PE线应为不小于1.5 mm² 的绝缘多股铜线;其余干线、支线的PE线按表3-1选取。

表 3 - 1	PE 线截面与相线截面的关系	单位：mm²
相线芯线截面 S		PE 线最小截面
S≤16		S
16＜S≤35		16
S＞35		S/2

（5）PE 线连接只能并联，不允许串联。

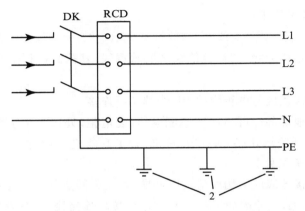

2—PE 线重复接地；L1，L2，L3—相线；N—工作零线；PE—保护零线；
DK—总电源隔离开关；RCD—总漏电保护器（兼有短路、过载、漏电保护功能的漏电断路器）

图 3 - 7 PE 线从总漏电保护器电源侧零线处引出

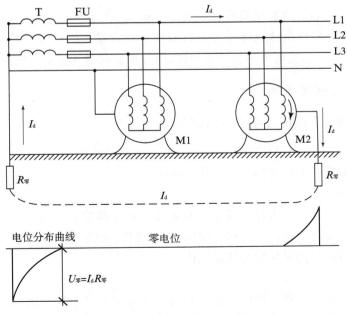

图 3 - 8 接地保护和接零保护混用的危险性

3. 重复接地

1)重复接地的概念

在中心点直接接地的电力系统中,为了保证接地的作用和效果,除了在中心点处直接接地外,还须在 PE 线上的一处或多处再作接地,称为重复接地。

2)重复接地的作用

(1)降低故障点对地的电压;

(2)减轻 PE 线断线的危险性;

(3)缩短故障持续时间。

3)重复接地的技术要求

(1)重复接地在供电回路(支线)上的数量不少于 3 处,分别设置于首端、中间和末端。

(2)重复接地连接线为绿/黄双色绝缘多股软铜线,其截面面积不小于相线的 50%,且不小于 2.5 mm²。

(3)重复接地连接线应与电箱内的 PE 线端子板连接。

(4)设置重复接地的部位可为:① 总配电箱(配电柜)处;② 各分路分配电箱处;③ 各分路最远端用电设备开关箱处;④ 塔式起重机、施工升降机、物料提升机、混凝土搅拌站等大型施工机械设备开关箱处。

(5)接地装置的接地线应采用两根及以上导体,在不同点与接地体做电气连接,重复接地电阻值不得大于 10 Ω,其原因如下:① 只有单根接地连接线,一旦发生问题,设备将会失地运行;② 接地引下线热容量不够,一旦有接地短路故障便会熔断,亦致使设备失地运行,导致恶性事故。

因此规定重要设备和设备构架应有两根与主接地装置不同地点连接的接地引下线,且每根接地引下线均应符合热稳定及机械强度的要求。

(6)不得采用铝导体做接地体或地下接地线。垂直接地体宜采用角钢、钢管或光面圆钢,不得采用螺纹钢。接地可利用自然接地体,但应保证其电气连接和热稳定。

3.4 接地装置与接地电阻

接地体和接地线焊接在一起,称为接地装置。

3.4.1 接地体

接地体一般分为自然接地体和人工接地体两种。

1. 自然接地体

自然接地体是指原已埋入地下并兼作接地体用的金属物体。例如,原已埋入地中的直接与地接触的钢筋混凝土基础中的钢筋结构、金属井管、非燃气金属管道、铠装电缆(铅包电缆除外)的金属外皮等,均可作为自然接地体。

2. 人工接地体

人工接地体是指人为埋入地中直接与地接触的金属物体。简而言之,即人工埋入地中的接地体。用作人工接地体的金属材料通常可以采用圆钢、钢管、角钢、扁钢及其焊接件,但不得采用螺纹钢和铝材。

3.4.2 接地线

接地线可以分为自然接地线和人工接地线。

1. 自然接地线

自然接地线是指设备本身原已具备的接地线,如钢筋混凝土构件的钢筋、穿线钢管、铠装电缆(铅包电缆除外)的金属外皮等。自然接地线可用于一般场所各种接地的接地线,但在有爆炸危险场所只能用作辅助接地线。自然接地线各部分之间应保证电气连接,严禁采用不能保证可靠电气连接的水管和既不能保证电气连接又有引起爆炸危险的燃气管道作为自然接地线。

2. 人工接地线

人工接地线是指人为设置的接地线。人工接地线一般可采用圆钢、钢管、角钢、扁钢等钢质材料,但接地线直接与电气设备相连的部分以及采用钢接地线有困难时,应采用绝缘铜线。

3.4.3 接地装置的敷设

接地装置的敷设应遵循下述原则和要求:

(1)应充分利用自然接地体。当无自然接地体可利用,或自然接地体电阻不符合要求,或自然接地体运行中各部分连接不可靠,或有爆炸危险场所,则需敷设人工接地体。

(2)应尽量利用自然接地线。当无自然接地线可利用,或自然接地线不符合要求,或自然接地线运行中各部分连接不可靠,或有爆炸危险场所,则需要敷设人工接地线。

(3)人工接地体可垂直敷设或水平敷设。垂直敷设时,如图 3-9 所示,接地体相互间距不宜小于其长度的 2 倍,顶端深埋一般为 0.8 m;水平敷设时,接地体相互间距不宜小于 5 m,深埋一般不小于 0.8 m。

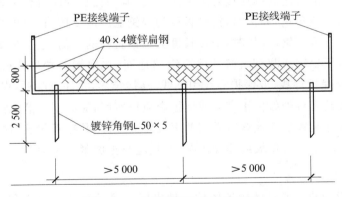

图 3-9 人工接地体做法示意图

(4)人工接地体和人工接地线的最小规格分别见表 3-2 和表 3-3。

表 3-2   人工接地体最小规格

材料名称	规格项目	地上敷设		地下敷设
		室内	室外	
圆钢	直径/mm	5	6	8
钢管	壁厚/mm	2.5	2.5	3.5

续表

材料名称	规格项目	地上敷设		地下敷设
		室内	室外	
角钢	板厚/mm	2	2.5	4
扁钢	截面/mm²	24	48	48
	板厚/mm	3	4	8
绝缘铜线	截面/mm²		1.5	

注：敷设在腐蚀性较强的场所或土壤电阻率 $\rho \leqslant 100\ \Omega \cdot m$ 的潮湿土壤中的接地体，应适当加大规格或热镀锌。

表 3 - 3   人工接地线最小规格

材料名称	规格项目	地上敷设		地下敷设
		室内	室外	
圆钢	直径/mm	5	6	8
钢管	壁厚/mm	2.5	2.5	3.5
角钢	板厚/mm	2	2.5	4
扁钢	截面/mm²	24	48	48
	板厚/mm	3	4	8
绝缘铜线	截面/mm²		1.5	

注：敷设在腐蚀性较强的场所或土壤电阻率 $\rho \leqslant 100\ \Omega \cdot m$ 的潮湿土壤中的接地线，应适当加大规格或热镀锌。

（5）接地体和接地线之间的连接必须采用焊接，其焊接长度应符合下列要求：

① 扁钢与钢管（或角钢）焊接时，搭接长度为扁钢宽度的 2 倍，且至少 3 面焊接。

② 圆钢与钢管（或角钢）焊接时，搭接长度为圆钢直径的 6 倍，且至少 2 个长面焊接。

（6）接地线可用扁钢或圆钢。接地线应引出地面，在扁钢上端打孔或在圆钢上焊钢板打孔用螺栓加垫与保护零线（或保护零线引下线）连接牢固，要注意除锈，保证电气连接。

（7）接地线及其连接处如位于潮湿或腐蚀介质场所所，应涂刷防潮、防腐蚀油漆。

（8）每一组接地装置的接地线应采用两根及以上导体，并在不同点与接地体焊接。

（9）接地体周围不得有垃圾或非导体杂物，且应与土壤紧密接触。

3.4.4　接地电阻

接地电阻是指接地体或自然接地体的对地电阻与接地线的电阻之和，而接地体的对地电阻又包括接地体自身电阻，接地体与土壤之间的接触电阻和接地体周围土壤中的流散电阻。在接地电阻的组成部分中，土壤中的流散电阻是最主要的组成部分。接地电阻的数值等于接地装置对地电压与通过接地体流入地中电流的比值。按通过接地装置流入地中冲击电流（如雷电流）求得的接地电阻，称为冲击接地电阻；按通过接地装置流入地中工频电流求得的接地电阻，称为工频接地电阻。

在不同的电力系统中，对各种接地电阻的数值有不同的要求。在建筑施工现场临时用电系统中，工作接地（工频）电阻值不得大于 4 Ω，重复接地（工频）电阻值不得大于 10 Ω，防雷接地或冲击接地电阻值不得大于 30 Ω。

3.5　三相负荷平衡

3.5.1　三相负荷平衡的含义

三相负荷平衡简单地说是指配电系统中三根相线每一根相线所带的负载功率要基本相等,最好都一样。比如说有 300 kW 的功率,如果 A,B,C 三相,每相各接 100 kW,则三相负荷平衡;如果 A 相接了 200 kW,B 相跟 C 相分别接了 50 kW,这样三相负荷就不平衡了。在实际应用中,我们往往通过测量每相的电流来判断,如果三相电流基本相等,就可以判定三相负荷基本平衡。

3.5.2　三相负荷不平衡的危害

1. 增加线路的电能损耗

在三相四线制供电网络中,电流通过线路导线时,因存在阻抗必将产生电能损耗,其损耗与通过电流的平方成正比。当低压电网以三相四线制供电时,由于有单相负载存在,造成三相负载不平衡在所难免。当三相负载不平衡运行时,中性线即有电流通过。这样不但相线有损耗,而且中性线也产生损耗,从而增加了配电线路的损耗。

2. 增加配电变压器的电能损耗

配电变压器是施工现场供电主设备,当其在三相负载不平衡工况下运行时,将会造成配变损耗的增加。因为配变的功率损耗是随负载的不平衡度而变化的。

3. 配变出力减少

配变设计时,其绕组结构是按负载平衡运行工况设计的,其绕组性能基本一致,各相额定容量相等。配变的最大允许出力要受到每相额定容量的限制。假如当配变处于三相负载不平衡工况下运行,负载轻的一相就有富余容量,从而使配变的出力减少。其出力减少程度与三相负载的不平衡度有关。三相负载不平衡越大,配变出力减少越多。为此,配变在三相负载不平衡时运行,其输出的容量就无法达到额定值,其备用容量亦相应减少,过载能力也降低。假如配变在过载工况下运行,即极易引发配变发热,严重时甚至会造成配变烧损。

4. 配变产生零序电流

在三相四线电路中,如果负荷平衡,则三相电流的相量和应等于零。如配变在三相负载不平衡工况下运行,则三相电流的相量和不为零,这个不为零的电流即称为零序电流。该电流将随三相负载不平衡的程度而变化,不平衡度越大,则零序电流也越大。运行中的配变若存在零序电流,则其铁芯中将产生零序磁通(高压侧没有零序电流)。这迫使零序磁通只能以油箱壁及钢构件作为通道通过,而钢构件的磁导率较低,零序电流通过钢构件时,即要产生磁滞和涡流损耗,从而使配变的钢构件局部温度升高甚至发热。配变的绕组绝缘也可能因过热而加快老化,导致设备寿命降低。同时,零序电流的存在也会增加配变的损耗。

5. 影响用电设备的安全运行

配变是根据三相负载平衡运行工况设计的,其每相绕组的电阻、漏抗和激磁阻抗基本一致。当配变在三相负载平衡时运行,其三相电流基本相等,配变内部每相压降也基本相同,则配变输出的三相电压也是平衡的。

假如配变在三相负载不平衡时运行,其各相输出电流就不相等,其配变内部三相压降就不相等,这必将导致配变输出电压三相不平衡。同时,配变在三相负载不平衡时运行,三相输出电流不一样,而中性线就会有电流通过。因而使中性线产生阻抗压降,从而导致中性点漂移,致使各相相电压发生变化。负载重的一相电压降低,而负载轻的一相电压升高。在电压不平衡状况下供电,即容易造成电压高的一相接带的用电设备烧坏,而电压低的一相接带的用电设备则可能无法使用。所以三相负载不平衡运行时,将严重危及用电设备的安全运行。

6. 电动机效率降低

配变在三相负载不平衡工况下运行,将引起输出电压三相不平衡。由于不平衡电压存在着正序、负序、零序三个电压分量,当这种不平衡的电压输入电动机后,负序电压产生旋转磁场与正序电压产生的旋转磁场相反,起到制动作用。但由于正序磁场比负序磁场要强得多,电动机仍按正序磁场方向转动。而由于负序磁场的制动作用,必将引起电动机输出功率减少,从而导致电动机效率降低。同时,电动机的温升和无功损耗,也将随三相电压的不平衡度而增大。所以电动机在三相电压不平衡状况下运行,是非常不经济和不安全的。

3.5.3 三相负荷不平衡的解决方法

在施工现场配电系统中,造成三相负荷不平衡的主要原因有两个:

(1) 存在电压为 380 V 的单相用电设备,如电焊类设备(电焊机、对焊机、点焊机等),它们的容量一般都比较大,如不能合理调配,造成三相负荷不平衡的现象将很严重。

(2) 存在电压为 220 V 的单相用电设备,如照明、办公设备、空调设备等,如不均匀地分配到三相上,全部直接接在某一相上,必将造成三相负荷不平衡。

综上所述,为了使施工现场配电系统三相负荷平衡,220 或 380 V 电压的单相用电设备不应直接接入某一单相,宜接入 220/380 V 三相四线系统中,比较均匀地分配到三相上,从而保证三相负荷基本平衡。同样道理,当单相照明设备线路电流大于 30 A 时,也应采用 220/380 V 三相四线,均匀地分配到三相上,使三相电流基本相等。

习 题

1. 什么叫配电?
2. 施工现场配电系统由哪几部分组成?
3. 什么叫三级配电?三级配电有哪些优点?
4. TN-S 系统的含义?说出它的安全保护原理。
5. 二级保护应分别设置在何处?
6. 三相负荷不平衡有什么危害?

第4章 临时用电配电线路的设计

教学目标：了解配电线路的形式和《规范》要求，导线和电缆的基本知识，熟悉导线和电缆截面的计算方法，掌握导线和电缆的选用规范要求。

能力要求：在施工现场，能根据用电负荷的计算和规范的相关要求，熟练地选用导线和电缆，并能正确地指导敷设。

4.1 临时用电线路的接线方式和结构

4.1.1 概述

电力线路是电力系统的重要组成部分，担负着输送和分配电能的重要任务。

按电压高低，电力线路可分为高压线路和低压线路，高压线路为 1 kV 以上的线路，低压线路为 1 kV 以下的线路。按其敷设方式和场所不同，电力线路可分为架空线路、电缆线路和户内配电线路等。这里介绍建筑施工临时用电低压线路的接线方式。

4.1.2 配电线路的形式和选择原则

通常配电线路的结构形式有放射式配线、树干式配线、链式配线和环形配线四种。

1）放射式配线

放射式配线，是指若干独立负荷或若干集中负荷均由一个单独的配电线路供电，如图4-1所示分配电箱到开关箱的配电。

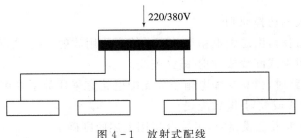

图 4-1 放射式配线

2）树干式配线

树干式配线，是指若干个独立负荷或若干集中负荷按它所在位置依次连接到某一条配电干线上，如图 4-2 所示总配电箱到分配电箱的配电。

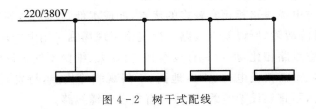

图 4-2 树干式配线

3）链式配线

链式配线，是一种类似树干式的配电线路，但各负荷和干线之间并不是独立支接，因此，当某处连接发生故障，便会影响后面设备的用电，如图4-3所示。链式配线适用于距离较近且不太重要的小容量负荷场所，但链式独立负荷不宜超过3~4个。

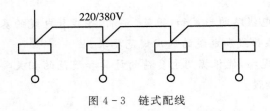

图4-3　链式配线

4）环形配线

环形配线，是指若干变压器低压侧通过联络线和开关接成环状配电线路，如图4-4所示。

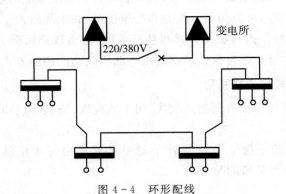

图4-4　环形配线

5）配电线路形式的选择原则

（1）采用架空线路时，由总配电箱至分配电箱宜采用放射-树干式配线，由分配电箱至开关电箱可采用放射-树干式配线或放射-链式配线。

（2）采用电缆线路时，由总支配电箱至分支配电箱宜采用放射式配线，由分配电箱至开关箱可采用放射式配线或放射-链式配线。

（3）采用架空-电缆混合线路时，可综合运用上述原则确定。

（4）采用多台专用变压器供电，规模较大，且属于重要工程的实施现场，可考虑采用环形配线形式。

4.1.3　临时用电线路的结构

电力线路从结构上分，有架空线路和电缆线路。

由于架空线路与电缆线路相比有较多的优点，如成本低，投资少，安装容易，维护和检修方便，易于发现和排除故障，所以架空线路在建筑施工现场临时用电中广泛采用。

电缆线路与架空线路相比，虽然具有成本高、投资大、维修不便等缺点，但它具有运行可靠、不易受外界影响、不需架设电杆、不占地面、不碍观瞻等优点，特别是在有腐蚀性的气体和易燃、易爆的场所，不宜架设架空线路时，只有敷设电缆线路。

4.2　导线和电缆

4.2.1　绝缘导线的种类及特点

常用导线、电缆的标称截面 mm² 排列如下：

$1\ \text{mm}^2$，$1.5\ \text{mm}^2$，$2.5\ \text{mm}^2$，$4\ \text{mm}^2$，$6\ \text{mm}^2$，$10\ \text{mm}^2$，$16\ \text{mm}^2$，$25\ \text{mm}^2$，$35\ \text{mm}^2$，$50\ \text{mm}^2$，$70\ \text{mm}^2$，$95\ \text{mm}^2$，$120\ \text{mm}^2$，$150\ \text{mm}^2$，$185\ \text{mm}^2$……

绝缘导线按导电的材质分为铜线、铝线，按绝缘材料分为塑料导线、橡皮导线。

导线型号标注常用字符含义见表 4-1。

表 4-1　　　　　　　　　　　导线型号中字符的含义

字　符	含　　义	字　符	含　　义
A	安装、铝塑料护层	S	钢塑料护套
B	绝缘、布电线类、扁平、平行	V	聚氯乙烯塑料绝缘
F	聚四氟乙烯、泡沫聚乙烯(YF)	X	橡皮绝缘
K	控制	Y	聚乙烯绝缘
L	铝芯(铜芯不表示)	ZR	阻燃
R	软线	NH	耐火

常用绝缘导线型号、名称及主要应用范围见表 4-2。

表 4-2　　　　　　　　　　常用绝缘导线型号、名称及主要应用范围

型号	名　　称	应用范围	型号	名　　称	应用范围
BV	铜芯聚氯乙烯塑料绝缘线	户内明敷或穿管敷设	BVR	铜芯聚氯乙烯塑料绝缘软线	软线用于要求柔软电线的地方，可明敷或穿管敷设
BLV	铝芯聚氯乙烯塑料绝缘线		BVS	铜芯聚氯乙烯塑料绝缘双绞软线	
BX	铜芯橡胶绝缘线		RVB	铜芯聚氯乙烯塑料绝缘平行软线	
BLX	铝芯橡胶绝缘线		BBX	铜芯橡胶绝缘玻璃丝编织线	
BVV	铜芯聚氯乙烯塑料护套线		BBLX	铝芯橡胶绝缘玻璃丝编织线	
BLVV	铝芯聚氯乙烯塑料护套线				

建筑施工现场临时用电常采用的绝缘导线有 BV，BLV，BX，BLX，BXF，BLXF，BVR，BV-105 等。其中，B 代表的是绝缘线；L 代表铝线，没有 L 则代表的是铜线；V 代表的是塑料绝缘；X 代表的是橡皮绝缘；R 代表软线；XF 代表氯丁橡胶。建筑施工现场临时用电架空线路必须采用绝缘导线。

塑料绝缘的导线 BV，BLV，其绝缘层大多采用聚氯乙烯，其电气性能优良，耐酸耐碱，对化学物品亦较稳定，且有耐电晕、不延燃、成本低、加工方便等优点。橡皮绝缘的导线 BX，BLX，BXF，BLXF，其绝缘材料大多采用橡胶、氯丁橡胶，具有很多特殊性能，如耐日光、耐臭氧、耐大气老化、耐油、耐磨、阻燃、耐酸碱，因此广泛用于户外；其缺点是耐寒性较差，密度较大，用量相对较多。

1. 橡皮绝缘导线

橡皮绝缘导线的结构为线芯外先包一层橡皮作绝缘层，再包一层棉纱或玻璃丝编织层

作保护层。交流电压在250 V以下的橡皮绝缘导线只能用于照明线路。常用的低压绝缘导线的型号和主要用途见表4-3。

表4-3　　　　　　　　　　　　橡皮绝缘导线的型号和主要用途

型号	名称	主要用途
BX	铜芯橡皮线	供干燥和潮湿场所固定敷用,用于交流250 V或500 V的电路中
BXR	橡皮软线	供安装于干燥和潮湿场所,连接电器设备的移动部分,交流额定电压为500 V
BLX	铝芯橡皮线	与BX型电线相同

2. 塑料绝缘导线

这种导线用聚氯乙烯作绝缘包层,又称塑料线。常用塑料线的型号和主要用途见表4-4。

表4-4　　　　　　　　　　　　塑料线的型号和主要用途

型号	名称	主要用途
BLV(BV)	铝(铜)芯塑料线	交流电压500 V以下,室内固定敷设用
BLVV(BVV)	铝(铜)芯塑料护套线	交流电压500 V以下,室内固定敷设用
BVR	铜芯塑料软线	要求电线比较柔软的场所敷设用

以BV-450/750-6为例。BV代表铜芯塑料线,450代表正常工作电压可达450 V,750代表最大工作电压为750 V,6代表导线截面面积为6 mm²。

3. 导线的色标

根据《规范》规定,相线、N线、PE线的颜色标记必须符合以下规定:相线L1(A)、L2(B)、L3(C)相序的绝缘颜色依次为黄、绿、红色;N线的绝缘颜色为淡蓝色;PE线的绝缘颜色为绿/黄双色。任何情况下上述颜色标记严禁混用和互相代用。

4.2.2　电缆的种类及特点

电力电缆都是由缆芯、绝缘层和保护层组成。根据缆芯的线数分,有单芯、双芯、三芯、四芯、五芯;按绝缘材料分,有油浸绝缘电缆、塑料绝缘电缆和橡胶绝缘电缆。常用电缆的产品型号,采用汉语拼音和阿拉伯数字组成,其代表符号和含义如表4-5所示。

表4-5　　　　　　　　　　　　电缆型号的符号含义

示例	□	Z	L	Q	□	2
符号表达含义类型	用途	绝缘	导线材料	内护层	特性	外护层
符号	电力电缆:省略 控制电缆:K 移动电缆:Y 交联聚乙烯:YJ	纸绝缘:Z 橡皮绝缘:X 塑料绝缘:V	铜芯:T或 省略铝芯:L	橡套:H 铅包:Q 铝包:L 塑套:V	贫油式:P 不滴流:D 分相铅包:F 重型:C	1:麻皮 2:钢带铠装 20:裸钢带铠装 3:细钢丝铠装 5:粗钢丝铠装 11:防腐保护 12:钢带铠装有防护 120:裸钢带铠装有防护

1. 塑料绝缘电缆

对于施工现场临时用电来说,适宜的电缆有VV,ZR-VV,VLV,ZR-VLV,这些电缆全称是聚氯乙烯绝缘护套电力电缆,其中,ZR 是阻燃型。这些电缆的特点是绝缘性能好,具有一定的机械强度,制作简单,敷设、安装、维修、连接容易,已逐步取代油浸纸绝缘电缆。

2. 通用橡套电缆(Y 系列橡套电缆)

该系列电缆适用于作为各种电气设备、电动工具和日用电器的电源线。根据电缆所承受的机械外力分为轻、中、重三种形式,绝缘层采用性能优良的一级橡皮,一般用天然丁苯橡皮护套,户外型产品采用氯丁橡皮护套。轻型橡套电缆 YQ,YQW 具有极好的柔软性,利于不定向多次弯曲,电缆一般不直接承受机械外力,连接交流电压 250V 及以下轻型移动电气设备,标称截面有 0.3 mm^2,0.5 mm^2,0.75 mm^2 三种,只有二芯和三芯两种。中型橡套电缆 YZ,YZW 能受一般的外力,具有足够的柔软性,以便移动弯曲,连接交流电压 500 V 及以下各种移动电气设备,标称截面有 0.5 mm^2,0.75 mm^2,1.0 mm^2,1.5 mm^2,2.0 mm^2,2.5 mm^2,4.0 mm^2,6.0 mm^2 八种,有二芯、三芯和四芯三种。重型橡套电缆 YC,YCW 具有能承受较大的机械外力和自身拖曳力的能力,护套具有高弹性和高强度,宜于做交流电压 500 V 及以下各种移动设备的电源线,标称截面为 10～185 mm^2,有一芯、二芯、三芯、四芯和五芯五种(W 是指户外型,具有耐气候和一定的耐油性能)。

3. YH 系列电焊机用电缆

这种系列电缆专供一般环境中使用的电焊机二次侧接线及连接电焊钳用。这种电缆是在低电压大电流条件下工作的,除了电流产生的热量外,还可能与焊件接触,因此要求耐热性能良好,其次,电缆在使用中经常收放、扭曲,还会受到刮擦等外力,因此要求柔软、耐弯曲,并且有足够的机械强度。另外由于所使用的环境复杂,如日晒、雨淋,还可能接触到泥水、油污及酸碱物品,因此要求保护层有一定耐气候性、耐油、耐腐蚀性。电焊机用电缆有 YH,YHC,YHL 等。

以电缆 VV-0.6/1.0-3×35+1×16 为例说明:

VV——聚氯乙烯绝缘护套电力电缆;

0.6——对地耐压(kV);

1.0——相间耐压(kV);

3——三根相线,截面面积为 35 mm^2;

1——一根零线,截面面积为 16 mm^2。

以电缆 YJV-0.6/1.0-3×35+2×16 为例说明:

YJV——交联聚乙烯绝缘护套电力电缆;

0.6——对地耐压(kV);

1.0——相间耐压(kV);

3——三根相线,截面面积为 35 mm^2;

2——两根零线,截面面积为 16 mm^2。

4.3　架空线路导线选择

施工现场临时用电的配电线路分为架空线路和电缆线路两种形式,所以配电线路的选择实际上是架空线路的选择和电缆线路的选择。

架空线路的选择主要是选择导线类型和截面,其选择的依据主要是施工现场对架空线的敷设要求和负荷计算的计算电流。

4.3.1 导线种类的选择

施工现场架空线和室内配电线必须采用绝缘导线,严禁采用裸导线。因为裸导线在人体碰线触电和线间短路方面潜在的危险性更大。

所谓绝缘导线是指绝缘性能完好的导线。绝缘完好的标志是指绝缘无老化、无裂纹、无破损裸露导体现象,且其绝缘电阻每伏不小于 1 000 Ω,额定工作电压大于线路工作电压。

由于铜的导电性能远远优于铝,所以有条件时可优先选用绝缘铜线,其优点是,与铝线相比,铜线电气连接性好,电阻率低,机械强度大,并有利于降低线路电压损失。

4.3.2 导线截面的选择

导线截面的选择主要是依据线路的负荷计算结果,按绝缘导线允许温升初选导线截面,然后按线路电压降和机械强度要求校验,按工作制核准,最后综合确定导线截面。

1. 按允许温升初选导线截面

按允许温升初选导线截面,应使导线必须能承受负载电流长时间通过所引起的温升,即使所选导线长期连续负荷允许载流量 I_y 大于或等于其实际计算电流 I_j,即

$$I_y \geqslant I_j \tag{4-1}$$

式中　I_y——导线、电缆按发热条件允许的长期工作电流(A);

I_j——实际计算电流(A)。

常用低压导线允许电流数据见表 4-6、表 4-7。

表 4-6　　　　**500 V 铜芯和铝芯绝缘导线明敷时长期连续负荷允许载流量**　　　单位:A

导线截面 /mm²	铜芯绝缘导线				铝芯绝缘导线			
	25℃		30℃		25℃		30℃	
	橡皮	塑料	橡皮	塑料	橡皮	塑料	橡皮	塑料
1	21	19	20	18				
1.5	27	24	25	20				
2.5	35	32	33	30	27	25	25	23
4	45	42	42	39	35	32	33	30
6	58	55	54	51	45	42	42	39
10	85	75	79	70	65	59	61	55
16	110	105	103	98	85	80	79	75
25	145	138	135	128	110	105	103	98
35	180	170	168	159	138	130	129	121
50	230	215	215	201	175	165	163	154
70	285	265	266	248	220	205	129	192
95	345	320	322	304	265	250	248	234
120	400	375	374	350	310	285	290	266
150	470	430	440	402	360	325	336	303
180	540	490	504	458	420	380	392	355

注:① 导线线芯最高允许温度 $T_m = 65℃$。
② 25℃和30℃是指环境温度。

表 4-7　　　　　BV-105 型耐热聚氯乙烯绝缘铜导线明敷时的载流量　　　　　单位：A

导线截面/mm²	环境温度			
	50℃	55℃	60℃	65℃
1.5	25	23	22	21
2.5	34	32	30	28
4	47	44	42	40
6	60	57	54	51
10	89	84	80	75
16	123	117	111	104
25	165	157	149	140
35	205	191	185	174
50	264	251	238	225
70	310	295	280	264
95	380	362	343	324
120	448	427	405	382
150	519	494	469	442

注：① 芯线允许工作温度 T_m=105℃，适用于高温场所，但要求电线接头采用焊接，或铰接后表面搪锡处理。当导线与电线或电器接头允许温度为 95℃ 时，表中的载流量应乘以 0.93；当接头温度为 85℃ 时，表中数据应乘以 0.84。

② BLV-105 型铝芯耐热聚氯乙烯绝缘导线明敷时，载流量应以表中数据乘以 0.78。

③ 表中数据适用于长期连续负荷。

④ 表中载流量系经计算得出，仅供选用参考。

三相四线制线路上的电流可按下式计算：

$$I_j = \frac{KP}{\sqrt{3}U_{线} \cos\varphi} \qquad (4-2)$$

二相制电流线路上的电流可按下式计算：

$$I_j = \frac{P}{U_{相} \cos\varphi} \qquad (4-3)$$

式中　I_j——电流值（A）；

　　　K——需要系数，一般可取 1；

　　　P——线路上的供电容量（W）；

　　　$U_{线}$——线电压（V），取 380 V；

　　　$U_{相}$——相电压（V），取 220 V；

　　　$\cos\varphi$——功率因数，临时网络取 0.7～0.75。

根据《规范》规定，当单相照明电流大于 30 A 时，宜采用 220/380 V 三相四线制供电，故式(4-3)仅适用于 $I_j \leqslant 30$ A，否则应采用式(4-2)，此时 $\cos\varphi = 1$。

2. 按允许电压降校验导线截面

导线上引起的电压降必须在一定限度之内,所谓电压降是指电流流过导线时的电压损失,一般用电压损失占线路额定电压的百分数来表示。使其按规定允许电压降算得的最小截面小于初选截面为满足要求,否则,导线将按允许电压降算得的最小截面选取。

配电导线按允许电压降的最小截面可用下式计算校核:

$$S = \frac{\sum PL}{CU_y}\% = \frac{\sum M}{CU_y}\% < S_初$$

$$S_{fn} = (\sum P_{fn} + \sum S_{fn} \times \cos\varphi) \times L/(100 \times C \times \varepsilon) < S_初 \qquad (4-4)$$

式中　S——导线截面(mm²);

　　　M——负荷矩(kW·m);

　　　P——负载的电功率或线路输送的电功率(kW);

　　　L——送电线路的距离(m);

　　ε, U_y——允许的相对电压降(即线路电压损失),ε 为分箱线路允许电压降,U_y 为总箱线路允许电压降;照明允许电压降为 2.5%~5%,电动机电压降不超过±5%;

　　　C——系数,380/220 V 三相五线制供电中,铝线 $C=46.3$,铜线 $C=77$。

3. 按机械强度校验导线截面

初选导线必须保证不至于因一般机械损伤折断,导线截面按机械强度校验,导线最小允许截面必须大于或者等于表 4-8 中所列最小截面值。

表 4-8　　　　　　　　　　　机械强度要求的导线最小截面

导　　线		导线截面/mm²		备注
		铜线	铝线	
架空动力线的相线和零线		10	16	
架空跨越铁路、公路、河流		16	25	
接户线	架空敷设	4 2.5	6 4	敷设长度 10~25 m 敷设长度 10 m 以下
	沿墙附属物	4 2.5	6 4	敷设长度 10~25 m 敷设长度 10 m 以下
室内照明线		1.5	2.5	
与电气设备相连的 PE 线		2.5	不允许	
手持式用电设备 PE 线		1.5	不允许	

4. 按线路工作制核准导线截面

三相四线制线路中的中性线,由于正常情况下其中通过的电流仅为三相不平衡电流或零序电流,通常都比较小,因此《规范》规定,架空线中导线截面与导线工作制的关系为:三相四线制工作时,N 线和 PE 线截面不小于相线(L 线)截面的 50%;单相线路的零线截面与相线截面相同。

4.4 电缆的选择

电缆的选择主要是选择电缆的类型和电缆芯线的截面,其选择依据主要是施工现场对电缆敷设的要求和负荷计算的电流。

4.4.1 施工现场临时用电电缆类型的选择

电缆的类型应根据敷设方式、环境条件来选择。电缆的敷设方式有架空敷设和埋地敷设两种,架空电缆宜采用 YCW 重型橡套电缆以及 XLV,XV,XLF,XF,XLQ,XQ 等橡皮绝缘电力电缆。施工现场适用的埋地电缆类型为 VLV,VV,ZR-VLV,ZR-VV 系列聚氯乙烯绝缘护套电力电缆(五芯聚氯乙烯绝缘护套电力电缆芯线结构见表 4-9),一般宜采用铠装电缆,当选用无铠装电缆时,应能防水、防腐。

表 4-9 五芯聚氯乙烯绝缘护套阻燃型(ZR)和非阻燃型电力电缆芯线结构分类表

芯数	导体规格	芯数	导体规格	芯数	导体规格
	主芯线+N 线+PE 线		主芯线+N 线+PE 线		主芯线+N 线+PE 线
3+2 (三大二小)	3×4+2×2.5	4+1 (四大一小)	4×4+1×1.5	5	5×4
	3×6+2×4		4×6+1×4		5×6
	3×10+2×6		4×10+1×6		5×10
	3×16+2×10		4×16+1×10		5×16
	3×25+2×16		4×25+1×16		5×25
	3×35+2×16		4×35+1×16		5×35
	3×50+2×25		4×50+1×25		5×50
	3×70+2×35		4×70+1×35		5×70
	3×95+2×50		4×95+1×50		5×95
	3×120+2×70		4×120+1×70		5×120
	3×150+2×70		4×150+1×95		5×1506
	3×185+2×95		4×185+1×95		5×185
	3×240+2×120		4×240+1×120		5×240

4.4.2 电缆芯线截面的选择

电缆芯线截面的选择与架空导线截面的选择一样,先按允许电流选择电缆芯线截面,然后按允许电压降校验,使其按规定允许电压降算得的最小截面小于初选截面为满足要求。由于电缆的机械强度很好,因此电缆不校验机械强度。

1. 按允许电流条件选择电缆芯线的截面

按允许电流条件选择电缆芯线的截面,应使电缆芯线的允许载流量(电缆允许的持续负荷)I_{yx}不小于通过电缆的最大负荷电流(计算电流)I_{js},即

$$I_{yx} \geqslant I_{js} \qquad (4-5)$$

常用电缆长期连续负荷允许载流量如表 4-10—表 4-13 所示。

表 4 - 10　　　　　　　橡皮绝缘电力电缆在空气中敷设的载流量

主线芯数× 截面/mm²	中性线芯截面 /mm²	载流量/A			
		铜芯		铝芯	
		XV	XF,XHF,XQ,XQ20	XLV	XLF,XLHF,XLQ,XLQ20
3×1.5	1.5	18	19		
3×2.5	注2	24	25	19	21
3×4	2.5	32	34	25	27
3×6	4	40	44	32	35
3×10	6	57	60	45	48
3×16	10	76	81	59	64
3×25	16	101	107	79	85
3×35	16	124	131	97	104
3×50	25	158	170	124	133
3×70	35	191	205	150	161
3×95	50	234	251	184	197
3×120	70	269	289	212	227
3×150	70	311	337	245	263
3×185	95	359	388	284	303

注：① 电缆芯线最高允许工作温度为 65℃，周围环境温度为 25℃。
　　② 主芯线为 2.5 mm² 的铝芯电缆，其中性线截面仍为 2.5 mm²；主芯线为 2.5 mm² 的铜芯电缆，其中性线截面为 1.5 mm²。
　　③ XLQ 型电缆最小尺寸为 3×4+1×2.5。

表 4 - 11　　　　　　　通用橡皮软电缆在空气中敷设的载流量

主芯线截面/mm²	中性线截面/mm²	YC,YCW,YHC 型载流量/A			
		三芯、四芯			
		25℃	30℃	35℃	40℃
2.5	1.5	26	24	22	20
4	2.5	34	31	29	23
6	4	43	40	37	34
10	6	63	58	54	49
16	10	84	78	72	66
25	16	115	107	99	90
35	16	142	132	122	112
50	25	176	164	152	139
70	35	224	209	193	177
95	50	273	255	236	215
120	70	316	295	273	249

表 4 - 12　五芯聚氯乙烯绝缘护套阻燃型(ZR)和非阻燃型电力电缆埋地敷设长期允许载流量表

标称截面/mm²	长期连续负荷允许载流量参考值/A			
	无铠装		铠装	
	VV ZR-VV	VLV ZR-VLV	VV₂₂,VV₃₂,VV₄₂ ZR-VV₂₂ ZR-VV₃₂ ZR-VV₄₂	VLV₂₂,VLV₃₂,VLV₄₂ ZR-VLV₂₂ ZR-VLV₃₂ ZR-VLV₄₂
4	27	20	32	20
6	34	26	40	26
10	46	35	53	35
16	67	54	69	51
25	91	67	91	67
35	109	81	109	81
50	130	95	130	98
70	158	116	158	119
95	189	140	189	140
120	217	161	217	161
150	242	179	242	182
185	273	203	273	203
240	319	238	319	238

注：① 电缆芯线最高额定温度为 70℃,短路时为 130℃。
　　② 表中"V"表示聚氯乙烯塑料,"ZR"表示阻燃,"22"表示钢带铠装,"32"表示钢丝铠装,"42"表示粗钢丝铠装。

表 4 - 13　五芯聚氯乙烯绝缘护套阻燃型(ZR)和非阻燃型电力电缆架空敷设长期允许载流量表

标称截面/mm²	长期连续负荷允许载流量参考值/A			
	无铠装		铠装	
	VV ZR-VV	VLV ZR-VLV	VV₂₂,VV₃₂,VV₄₂ ZR-VV₂₂ ZR-VV₃₂ ZR-VV₄₂	VLV₂₂,VLV₃₂,VLV₄₂ ZR-VLV₂₂ ZR-VLV₃₂ ZR-VLV₄₂
4	22	17	25	17
6	32	23	32	22
10	44	30	44	29
16	55	41	58	41
25	74	53	75	56
35	90	68	94	68
50	113	83	116	86
70	139	105	143	105
95	173	128	176	131
120	199	146	203	150
150	225	169	233	173
185	263	195	266	199
240	311	233	315	236

2. 按允许电压降校验电缆的芯线截面

按允许电压降校验电缆的芯线截面的要求与架空导线按允许电压降校验导线截面的要求和方法基本相同。

3. 电缆芯线配置的选择

根据基本配电系统的要求,电缆中必须包含线路工作制所需要的全部工作芯线和 PE 线。特别需要指出的是,需要采用三相五线制的电缆线路必须采用五芯电缆,而采用四芯电缆外加一条绝缘线等配置方法都是错误的。五芯电缆中,除包含黄、绿、红三条相线外,还必须包含用作 N 线的淡蓝色芯线和用作 PE 线的绿/黄双色芯线。其中,N 线和 PE 线的绝缘色规定,同样适用于四芯、三芯等电缆。

电缆芯线数应根据负荷及其控制电器的相数和线数确定:三相四线时,应选用五芯电缆(L1,L2,L3,N,PE);三相三线时,应选用四芯电缆(L1,L2,L3,PE);当三相用电设备中配置有单相用电器具($U=220$)时,应选用五芯电缆;单相二线时,应选用三芯电缆(两根相线,PE)。

电动建筑机械和手持式电动工具的负荷线和流动电箱的负荷线应按其计算负荷选用无接头的橡皮护套铜芯软电缆,其截面可按表 4-11 选取。

4.5 导线和电缆选择实例

[例 4-1] 某施工现场设备技术参数如下:

(1)电焊机:单相 380 V,$\cos\varphi=0.8$,$JC_e=65\%$,32 kV·A。

(2)电焊机:单相 380 V,$\cos\varphi=0.8$,$JC_e=65\%$,22 kV·A。

(3)弧焊机:单相 380 V,$\cos\varphi=0.85$,$JC_e=65\%$,50 kV·A。

(4)弧焊机:单相 380 V,$\cos\varphi=0.85$,$JC_e=65\%$,50 kV·A。

4 台设备离总配电箱 70 m 远。现要求根据现场情况选择导线类型与截面。

[解] 设计如下。

1. 布线方式

由于设备容量较大,故在离总配电箱 70 m 处设立分配电箱,配电箱设计采用放射式布线。

2. 导线类型和截面

(1)不同暂载率的用电设备的容量换算

电焊机的设备容量:

$$S_1 = S \cdot \sqrt{JC} = 32 \times \sqrt{65\%} = 25.8 \text{ kV} \cdot \text{A}$$

$$S_2 = S \cdot \sqrt{JC} = 22 \times \sqrt{65\%} = 17.7 \text{ kV} \cdot \text{A}$$

弧焊机的设备容量:

$$S_3 = S \cdot \sqrt{JC} = 50 \times \sqrt{65\%} = 40.3 \text{ kV} \cdot \text{A}$$

根据计算负荷可将 1 号与 2 号接在 A,B 相线之间,3 号接在 B,C 相线之间,4 号接在 C,A 相线之间,这样三相基本平衡:

$$S_1 + S_2 - S_3 = 25.8 + 17.7 - 40.31 = 3.19 \text{ kV} \cdot \text{A}$$

小于三相用电设备总容量的 15%,所以不用换算单相不对称容量。

（2）所有用电设备的总容量及计算电流

$$S_{js} = S_1 + S_2 + S_3 \times 2 = 25.8 + 17.7 + 40.3 \times 2 = 124.1\,\text{kV·A}$$

$$I_{js} = \frac{S_{js}}{\sqrt{3}U_e} = \frac{124.1}{\sqrt{3} \times 0.38} = 188.6\,\text{A}$$

（3）导线类型的选择

根据现场来看场地窄小，故从总配电箱到分配电箱的配电干线采用塑料电缆 VV 系列或采用能承受较大外力和耐气候的橡套电缆 YCW 系列。

（4）导线截面的选择

① 先按发热条件选导线截面：I_{js}＝188.6 A。

查表 4-13，初选 VV－3×120＋1×70 mm²，其允许载流量为 199 A。

② 按允许电压损失校验（电动机类允许电压偏差 5%）

$$S = \frac{\sum PL}{CU_y}\% = \frac{\sum S_n \times \cos\varphi \times L}{CU_y} = \frac{\sum M}{CU_y}\%$$

$$= \frac{(25.8 \times 0.8 + 17.7 \times 0.8 + 40.3 \times 0.85 \times 2) \times 70}{77 \times 5} = \frac{103.3 \times 70}{77 \times 5}$$

$$= 18.78\,\text{mm}^2 < 120\,\text{mm}^2$$

通过上述计算，该干线采用 VV－3×120＋1×70 mm² 电缆线。

习题

1. 通常建筑施工现场配电线路的形式有哪几种？采用电缆线路时，应选择哪种形式？
2. 根据《规范》的规定，相线、N 线、PE 线的颜色有哪些规定？
3. 施工现场导线截面面积和形式应如何选择？
4. 施工现场埋地电缆宜选用哪种电缆？
5. 移动配电箱的电源电缆应选用哪种形式？

第5章 临时用电的配电箱和开关箱

教学目标:了解电箱的功能和设置原则,安装位置和环境的要求;熟悉电箱的安全技术要求;掌握电箱内电器元件的选用方法。

能力要求:在施工现场能正确合理地选用电箱及相关电器元件,熟练地督促检查和管理电箱的安装位置及相关安全要求。

5.1 概述

施工现场的配电箱是接受外来电源并分配电力的装置,一般情况下,总配电箱和分配电箱合称配电箱。总配电箱是工地用电的总的控制箱。分配电箱是在总配电箱控制下,供给各开关箱电源的控制箱。

开关箱受分配电箱的控制并接受分配电箱提供的电源,是直接用于控制用电设备的操作箱。

配电箱与开关箱统称为电箱,它们是施工现场中向各用电设备分配电能的配电装置,也是施工现场临时用电系统中的重要环节。与配电室、架空电力线路或电缆线路相比,电箱是向用电设备输送电能与提供电气保护的装置,更易于被施工现场各类人员接触到。而电箱中各种元器件的设置是否正确、电箱使用与维护是否得当,直接关系到电气系统中,上至配电电线、电缆,下至用电设备各个部分的电气安全,同时也关系到现场人员的人身安全。所以,电箱的使用与维护,对于施工现场的安全生产具有重大的意义。

5.2 配电箱与开关箱的设置原则

配电箱与开关箱的设置原则,就是现场的配电箱、开关箱要按照"总—分—开"的顺序作分级设置。在施工现场内,应设总配电箱(或配电柜),总配电箱(又称"一级箱")下设分配电箱(又称"二级箱"),分配电箱下设有开关箱(又称"三级箱"),开关箱控制用电设备,形成"三级配电"。

按三个层次向用电设备输送电能,现场所有的用电设备都要配有其专用的开关箱,箱内应设有隔离开关与漏电保护器,做到"一机、一箱、一闸、一漏"。

图5-1为典型的三级配电结构简图。

出于对安全照明的考虑,施工现场照明的配电应与动力配电分开而自成独立的配电系统为佳,这样就不会因动力配电的故障而影响到现场照明。

5.3 配电箱与开关箱的设置点选择和环境的要求

配电箱与开关箱的位置选择和环境条件,是关系到配电箱与开关箱能否安全使用的重要问题,电箱位置的具体规定见图5-2。

为保证三级配电系统能够安全、可靠、有效地运行,在实际设置系统时应遵守以下四项规则。

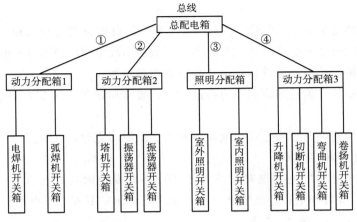

图 5-1　施工现场配电系统简图

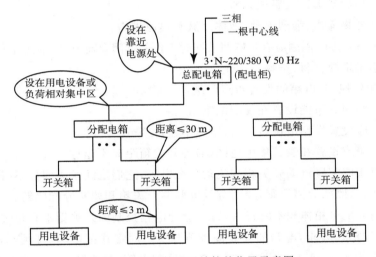

图 5-2　配电箱和开关箱的位置示意图

1. 分级分路规则

(1) 从一级总配电箱(配电柜)向二级分配电箱配电可以分路。即一个总配电箱(配电柜)可以分若干分路向若干分配电箱配电,每一分路也可分支接若干分配电箱。

(2) 从二级分配电箱向三级开关箱配电同样也可以分路。即一个分配电箱也可以分若干分路向若干开关箱配电,而一般情况下,考虑到分配电箱的体积,分配电箱最多可控制四个开关箱。

(3) 从三级开关箱向用电设备配电必须实行"一机一闸一漏一箱"制,不存在分路问题。即每一个开关箱只能联结控制一台与其相关的用电设备(含插座),包括一组不超过 30 A 负荷的照明器,或每一台用电设备必须有其独立专用的开关箱

2. 动力、照明回路分设规则

(1) 动力配电箱与照明配电箱宜分别设置。若动力与照明合置于同一配电箱内共箱配电,则动力与照明应分路配电。这里所说的配电箱包括总配电箱和分配电箱(下同)。

(2) 动力开关箱与照明开关箱必须分箱设置,不存在共箱分路设置问题。

3．配电间距规则

配电间距规则是指除总配电箱、配电室(配电柜)外,分配电箱与开关箱之间、开关箱与用电设备之间的空间间距应尽量缩短。按照《规范》的规定,配电间距规则可采用以下三个要点:

(1)分配电箱应设在用电设备或负荷相对集中的场所。

(2)分配电箱与开关箱的距离不得超过30 m,故移动设备必须配置移动分配电箱和移动开关箱。

(3)开关箱与其供电的固定式用电设备的水平距离不宜超过3 m。

4．安装环境规则

安装环境规则是指配电系统对其设置和运行环境安全因素的要求。按照《规范》的规定,配电系统对其设置和运行环境安全因素的要求可采用以下五个要点:

(1)环境保持干燥、通风、常温。

(2)周围无易燃易爆物及腐蚀介质。

(3)能避开外物撞击、强烈振动、液体浸溅和热源烘烤。

(4)配电箱与开关箱周围应有足够两人同时工作的空间及通道,周围无灌木、杂草丛生。

(5)箱前不得堆放器材、杂物。

根据上述四项规则,电箱的设置重点归纳如下(图5-2):

(1)总配电箱应尽可能设置在变配电室附近。

(2)开关箱应设置在用电设备附近,距离不超过3 m。

(3)分配电箱应设置在设备集中地区,与各开关箱距离不超过30 m。

(4)流动设备应配置流动开关箱和流动分配电箱,它们之间距离同样不得超过30 m。

(5)根据动力、照明分离原则,照明宜设置照明开关箱和照明分配电箱。

(6)考虑到分配电箱体积不宜过大,每个分配电箱控制的开关箱不宜超过4个。

此外,根据《规范》要求,电箱的安装高度规定为:固定式配电箱、开关箱的中心点与地面的垂直距离应为1.4～1.6 m(图5-3)。移动式配电箱、开关箱的中心点与地面的垂直距离应为0.8～1.6 m,且移动式电箱应安装在固定的金属支架上(图5-4)。

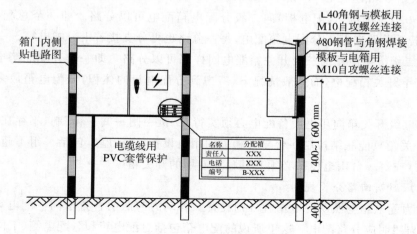

图5-3　固定式电箱安装高度

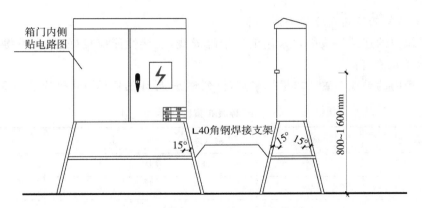

图 5-4　移动式开关箱、配电箱简图

5.4　配电箱与开关箱安装的安全技术要求

为确保配电箱、开关箱及其内部安装的电器能够安全、可靠地运行,应对配电箱和开关箱本身采取有效的安全技术措施。

1. 配电箱与开关箱的材质要求

配电箱与开关箱应采用钢板或优质绝缘材料制作,钢板的厚度应大于 1.5 mm,当箱体宽度超过 500 mm 时应做双开门。配电箱与开关箱的金属外壳构件应经过防腐、防锈处理,还应经得起在正常使用条件下可能遇到潮湿的影响。电箱内的电器安装板应当采用金属的或非木质阻燃绝缘的材料。

2. 电箱内电气元件的安装要求

(1) 电箱及其内部的电气元件,必须是通过国家强制性产品认证(3C 认证)的合格产品。同时,电箱内所有的电气元件必须是合格品,不得使用不合格的、损坏的、功能不齐全的或假冒伪劣的产品。

(2) 对于电箱内所有电气元件,必须先安装在电气安装板上,再整体固定在电箱内。电气元件应安装牢固、端正,不得有任何松动、歪斜现象。

(3) 电气元件之间的距离及其箱体之间的距离应符合有关规定。电箱内的电气元件安装顺序通常为从左到右、从上到下,左大右小,大容量的开关电器、熔断器布置在左边,而小容器的开关电器、熔断器布置在右边。

(4) 在正常情况下,电箱内的金属安装板、所有电气元件、不带电的金属底座或外壳、插座的接地端子,均应与电箱箱体一起做可靠的保护接零。保护零线必须采用黄绿双色线,并要通过专用接线端子连接,与工作零线相区别。

3. 配电箱与开关箱导线进出口处的要求

(1) 配电箱与开关箱电源的进出规则为下进下出,不能设在顶面、后面或侧面,更不能从箱门缝隙中引进或引出导线。在导线的进、出口处,应加强绝缘,并将导线卡固。进、出线应加设护套,分路成束并作防水弯,导线不得与箱体进、出口直接接触,进出导线不得承受超过导线自重的拉力,防止接头拉开。

(2) 配电箱、开关箱的电源进线端严禁采用插头和插座作活动连接。

4.配电箱与开关箱内连接导线要求

(1)电箱内的连接导线必须采用铜芯绝缘导线,连接性能应良好,接头不得松动,电箱内带电部分不得有外露。

(2)电箱内的导线布置要求横平竖直,排列整齐,导线的色标及排列应按表5-1规定。

表 5-1 导线布置图

相别	颜色	垂直排列	水平排列	引下排列
A(L1)	黄	上	后	左
B(L2)	绿	中	中	中
C(L3)	红	下	前	右
N	淡蓝	较下	较前	较左
PE	黄绿	最下	最前	最左

进线要表明相别,出线要做好分路去向标志。两个元器件之间的连接导线不应有中间接头或焊接点,应尽可能在固定的端子板上进行接线。

(3)电箱内必须分别设置独立的工作零线与保护零线接线端子板,工作零线或保护零线均通过端子板连接。端子板上一只螺钉一般只允许接一根导线。

(4)金属外壳的电箱应设置专用的保护接零螺钉,螺钉一般采用不小于M8镀锌或铜质螺钉,并与电箱的金属外壳、电箱内的金属安装板、电箱内的保护零线可靠连接。保护接零螺钉不得兼作他用。不得在螺钉或保护零线的接线端子板上喷涂绝缘油漆。

5.配电箱与开关箱的制作要求

(1)配电箱与开关箱箱体应严密、端正,防雨、防尘,箱门开关松紧适当,便于开关。

(2)所有的配电箱与开关箱必须配备门、锁,并在醒目位置标注名称、编号及每个电器的标志。

(3)接线端子板通常放在箱内电器安装板的下部或箱内底侧边,并做好接线标注,工作零线、保护零线端子板应分别注 N 线、PE 线,接线端子与箱底边的距离要求不小于 0.2 m。

5.5 配电箱与开关箱内电器件的选择

1.配电箱与开关箱的电器选择要求

根据上述电器选择原则,配电箱与开关箱的电器设置应符合以下要求:

(1)总配电箱内,应装设总隔离开关与分路隔离开关、总低压断路器与分路低压断路器(或总熔断器和分路熔断器)、漏电保护器、总电流表、总电度表、电压表及其他仪表。总开关电器的额定值、动作整定值应与分路开关电器的额定值、动作整定值相适应。如果漏电保护器具备低压断路器的功能,则可不设低压断路器和熔断器,见图5-5。

(2)分配电箱内,应装设总隔离开关、分路隔离开关、总低压断路器与分路低压路器(或总熔断器和分路熔断器),总开关电器的额定值与动作整定值相适应。必要时,分配电箱内也可装设漏电保护器,见图5-6。

(3)开关箱内,应装设隔离开关、熔断器与漏电保护器,漏电保护器的额定动作电流应

(a) 带计量的总配电箱1实例

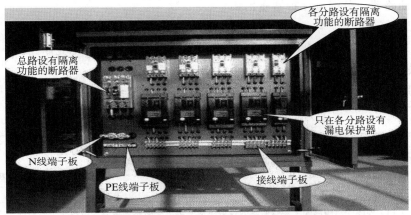

(b) 总配电箱1实例(采用可见分段点的断路器)

图 5-5 总配电箱示意图

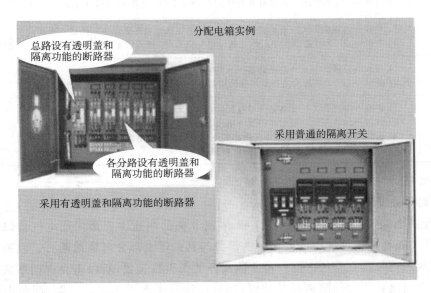

图 5-6 分配电箱示意图

不大于 30 mA,额定动作时间应小于 0.1 s(36 V 及以下的用电设备如工作环境干燥可免装漏电保护电器)。如果漏电保护器具备低压断路器的功能,则可不设熔断器。每台用电设备应设有各自的专用开关箱,实行"一机一闸"制,严禁用一个开关箱直接控制两台及两台以上的用电设备(含插座)。

按照以上要求,归纳起来,不同电箱可以有几类标准配置供选择,详见表 5-2,而目前最新、电器元件最少、电箱体积最小的配置如下。

1)总电箱

(1)漏电保护器设置在总路上:外线→DZ20 透明式塑料外壳断路器→总漏电保护器→分 DZ20 透明式塑料外壳断路器→出线。

(2)漏电保护器设置在分路上:外线→总 DZ20 透明式塑料外壳断路器→分 DZ20 透明式塑料外壳断路器→分漏电保护器→出线。

2)分配电箱

进线→总 DZ20 透明式塑料外壳断路器→分 DZ20 透明式塑料外壳断路器→出线。

3)开关箱

进线→DZ20 透明式塑料外壳断路器→漏电保护器→出线。

表 5-2 　　　　　　　　　　　　临时用电电箱配置(标准)方案分类表

总电箱	漏电保护器设置在总路上	(1)外线→总隔离开关→总断路器→总漏电保护器→分隔离开关→分断路器→出线; (2)外线→总隔离开关→总漏电断路器→分隔离开关→分断路器→出线; (3)外线→DZ20 透明式塑料外壳断路器→总漏电保护器→分 DZ20 透明式塑料外壳断路器→出线 (根据分断路器数量配电度表)
	漏电保护器设置在分路上	(1)外线→总隔离开关→总断路器→分隔离开关→分断路器→分漏电保护器→出线; (2)外线→总隔离开关→总断路器→分隔离开关→分漏电断路器→出线; (3)外线→总隔离开关→总断路器→分 DZ20 透明式塑料外壳断路器→分漏电保护器→出线; (4)外线→总 DZ20 透明式塑料外壳断路器→分 DZ20 透明式塑料外壳断路器→分漏电保护器→出线; (5)外线→总隔离开关→总断路器→分 DZ20 透明式塑料外壳漏电断路器→出线; (6)外线→总 DZ20 透明式塑料外壳断路器→分 DZ20 透明式塑料外壳漏电断路器→出线
分配电箱		(1)进线→总隔离开关→总断路器→分隔离开关→分断路器→出线; (2)进线→总 DZ20 透明式塑料外壳断路器→分 DZ20 透明式塑料外壳断路器→出线
开关箱		(1)进线→隔离开关→断路器→漏电保护器→出线; (2)进线→隔离开关→漏电断路器→出线; (3)进线→DZ20 透明式塑料外壳断路器→漏电保护器→出线; (4)进线→DZ20 透明式塑料外壳漏电断路器→出线

2. 配电箱、开关箱中常用的开关电器

1)隔离开关

隔离开关电路符号如图 5-7(a)所示,隔离开关的用途主要是保证电气检修工作的安全。隔离开关能将电气系统中需要修理的部分与其他带电部分可靠地断开。具有明显的分断点,故其触点是暴露在空气中的。由于隔离开关无灭弧装置,所以不允许切断负荷电流和短路电流,否则电弧不仅使隔离开关烧毁,而且可能发生严重的短路故障,同时电弧也会造成工作人员的伤亡事故。所以隔离开关应设置于电源进线端,在电气线路已经切断电流的情况下,用隔离开关能够可靠地隔断电源,保证在隔离开关以后的配电装置不带电,保证电气检修工作的安全,见图 5 - 7(b)。

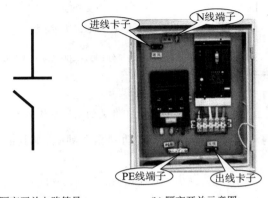

(a) 隔离开关电路符号　　　(b) 隔离开关示意图

图 5 - 7　隔离开关电路符号及示意图

　　施工现场常用的隔离开关主要有 HD 系列刀开关、HR5 系列带熔断器开关、HG 系列熔断器式隔离器及有可见分断点、具有隔离功能的断路器等(图 5 - 8)。它们必须是通过国家强制性标准 3C 认证的合格产品,不得采用 HK 系列开关和石板闸刀开关等安全性能差及已被淘汰禁用的产品。应当指出的是,HD 系列刀开关不推荐使用,其原因如下:一是这类刀开关触头压力靠弹簧片保持,长期使用变形压力不稳定造成接触处温度升高,如此恶性循环造成熔焊或烧毁的发生;二是由带电触刀裸露不符合国家有关标准的要求,不能通过国家强制性认证产品检测的要求。图 5 - 9 为熔断器式刀开关的型号及其含义。

(a) HR5隔离开关　　　　　(b) RT18隔离开关　　　　　(c) HG隔离开关

图 5 - 8　各式隔离开关

用作电源隔离开关的电器选用时的选择要点如下:

(1) 额定电压 U_c 不低于配电线路的额定电压 U_{el},即

$$U_c \geqslant U_{el}$$

(2) 额定电流 I_e 大于或等于配电线路的计算电流 I_j,即

$$I_e \geqslant I_j$$

(3) 动、热稳定电流大于实际可能承受的短路电流。

隔离开关在配电箱与开关箱中,通常用于空载接通与分断电路,还可以用于直接控制照

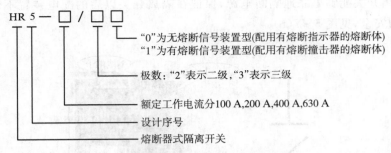

图 5-9 熔断器式刀开关的型号及其含义

明和不大于 3.0 kW 的动力线路。若用于启动异步电动机,则其额定电流应不小于电动机额定电流的 3 倍。

隔离开关的额定电流有 30A,60A,100A,200A,300A,…,1 500 A 多种等级,选择隔离开关应根据电源类别、电压、电流、极数、电动机容量等来考虑。

2)熔断器

电路符号熔断器是用来防止电气设备长期通过过载电流与短路电流的保护元件。熔断器主要由金属熔件(又称熔体、熔丝)、支持外壳组成,见图 5-10(a),(b)。

熔断器电路符号如图 5-10(c)所示。熔断器的选择,除按额定电压、环境要求外,主要是选出熔体和熔管的额定电流,现介绍如下:

(1)熔断器(熔管)额定电流的确定。按熔体的额定电流及产品样本数据,可以确定熔断器的额定电流,同时熔断器的最大分段电流应大于熔断器安装处的冲击短路电流有效值。有关熔体电流选择的详细方法可参照电工手册,本书限于篇幅,不再赘述。

(2)熔断器选择的要点。为了保证前后级熔断器动作的选择性,要求前一级熔体电流应比下一级熔体电流大 2～3 倍。当用熔断器保护线路时,熔体的额定电流不大于导体允许载流量 250%(从避开电动机启动电流考虑),但对明敷绝缘导线应不大于 150%,否则对导线起不到保护作用。

      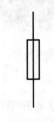

(a) 无填料密封式熔断器　　　(b) 有填料封闭管式熔断器　　　(c) 熔断器电路符号

图 5-10　熔断器简图

3)低压断路器

低压断路器又称低压自动空气断路器,它不同于隔离开关,具有良好的灭弧性能,既能在正常工作条件下切断负载电流,又能在发生短路故障时靠电磁脱扣器自动切断短路电流,靠热脱扣器能自动切断过载电流,当电路失压时,也能实现自动分断电路,详见塑壳式低压断路器原理图(图 5-11)。低压断路器的种类很多,本篇主要介绍施工现场临时用电通常采用的 DZ 型塑壳式低压断路器(图 5-12)。图 5-13 为低压断路器的型号含义。DZ 型断路

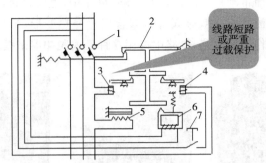

1—主触头;2—自由脱扣器;3—过电流脱扣器;
4—分励脱扣器;5—热脱扣器;6—失压脱扣器;7—按钮
(a) 线路短路或严重过载保护

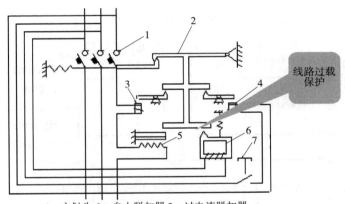

1—主触头;2—自由脱扣器;3—过电流脱扣器;
4—分励脱扣器;5—热脱扣器;6—失压脱扣器;7—按钮
(b) 线路过载保护

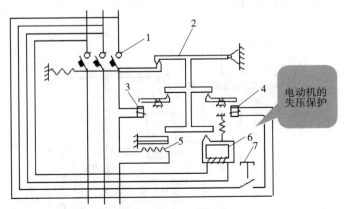

1—主触头;2—自由脱扣器;3—过电流脱扣器;
4—分励脱扣器;5—热脱扣器;6—失压脱扣器;7—按钮
(c) 电动机的失压保护

图 5-11　塑壳式低压断路器原理图

器常采用同时具有电磁脱扣器、热脱扣器的复式脱扣器,复式脱扣器提供磁保护和热保护。磁保护,也就是短路保护,实际上是一个磁回力,当电流足够大时,产生的磁场力克服反力弹簧吸合衔铁打击牵引杆,从而带动机构动作切断电路;热保护,也就是过载保护,电流经过脱扣器时热元件发热(直热式电流直接过双金属片),双金属片受热变形,当变形至一定程度时,打击牵引杆,从而带动机构动作切断电路,电路中都用这种复式脱扣器来提供短路和过载保护。

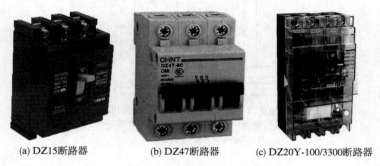

    (a) DZ15断路器   (b) DZ47断路器   (c) DZ20Y-100/3300断路器

图 5-12　各式断路器

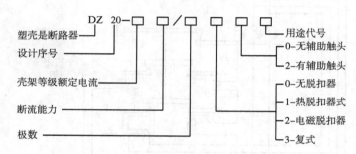

断流能力:H 为高级型,Y 为一般型,J 为较高型,G 为最高型。

图 5-13　低压断路器的型号含义

    低压断路器主要由触电系统、灭弧装置、保护装置和传动结构等组成,详见低压断路器结构及工作原理图(图 5-14)。保护装置和传动装置组成脱扣器。低压断路器的符号见图 5-15。

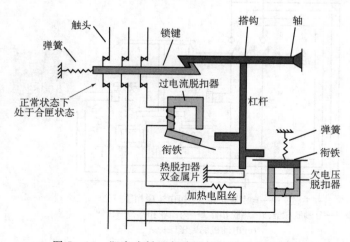

图 5-14　塑壳式低压断路器结构及工作原理图

塑壳型低压断路器的主要技术参数：

（1）额定电流 I_n：是指脱扣器能长期通过的电流，也就是脱扣器额定电流。对带可调式脱扣器的断路器则为脱扣器可长期通过的最大电流。

（2）壳架等级额定电流 I_{nm}：用基本几何尺寸相同和结构相似的框架或塑料外壳中所装的最大脱扣器额定电流表示。壳架等级额定电流一般有 100 A，160 A，250 A，400 A，630 A 等品种，一种壳架等级额定电流 I_{nm} 下有多种脱扣器额定电流 I_n 规格，如 DZ20Y-100 有 16，20，32，40，50，63，80，100 等 8 种 I_n 规格。但目前市场上的低压断路器也有很多是壳架等级额定电流和脱扣器额定电流相同的，即 $I_{nm}=I_n$。

（3）整定电流（又称过载脱扣器的电流整定值）I_r：是指脱扣器调整到动作的电流值。对于 DZ 型断路器来说，由于其脱扣器的整定电流是不可调的，所以整定电流等于额定电流，即 $I_r=I_n$。

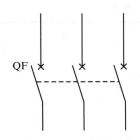

图 5-15　低压断路器的符号

表示低压断路器的主要指标有两个：一是通断能力，即开关在指定的使用和工作条件下，能够在规定的电压下接通和分断的最大电流值即断路器的额定电流 I_n；二是保护特性，分过电流保护（即短路保护）、过载保护和欠电压保护等三种。过电流保护是低压断路器的主要功能之一，能够有选择性地切除电网故障，并对电气设备起到一定的保护作用。过载保护是当负荷电流超过低压断路器额定电流的 1.1～1.45 倍时，能够在 10～120 s 内自动分闸。而欠电压保护能够保证当电压小于额定电压的 40％时自动分断；当电压大于额定电压的 75％时，则不分断。

综上所述，对临时用电常用的 DZ 型低压断路器主要是选择额定电流 I_n。

为使低压断路器在配电线路过负荷或短路时，能够可靠地保护电缆及导线不至于过热而熔断，应使热脱扣器和过电流脱扣器的整定电流与导线或电缆的允许持续电流配合。临时用电电箱中的低压断路器主要用作配电线路保护，其额定电流 I_n（DZ 型断路器即为长延时热脱扣器的动作电流）可取线路允许载流量的 0.8～1 倍；但同时还应考虑前后断路器之间的配合，由于都采用 DZ 型，所以简单来说，一般前一级断路器的额定电流应大于或等于后一级断路器的额定电流。DZ 型断路器用作短路保护的过电流脱扣器的整定电流（瞬时脱扣器电流整定值）在出厂时已根据 I_n 倍数固定（详见表 5-3），该电流一般情况下能保证断路器在短路时跳闸而电机启动电流是可以避开的。另外，断路器的极限分断能力应大于线路的最大短路电流的有效值。

4）漏电保护器

配电线路的故障主要是相间短路及接地故障。由于相间短路产生很大的短路电流，故可用熔断器、断路器等开关设备来自动切断电源。但由于其保护动作值较大，因此一般情况下接地故障靠熔断器、断路器难以自动切除，或者说灵敏度满足不了要求。人们利用电器线路或电气设备发生单相接地故障时会产生剩余电流，从而利用这种剩余电流经放大来切断故障线路或设备电源的保护器，即为通常所称的漏电保护器。漏电保护器简称漏电开关，又叫漏电断路器，是用于在电路或电器绝缘受损发生对地短路时防止人身触电和电气火灾的保护电器，详见漏电保护器工作原理图（图 5-16）。图 5-17 为漏电保护器、符号型号及含义。

表 5-3 　　　　　　　　**DZ20 塑料外壳式低压断路器主要技术数据**

型号	额定电压/V	壳架等级额定电流/A	断路器额定电流/A	脱扣器形式或长延时脱扣器电流整定范围	瞬时脱扣器电流整定值	备注
DZ20Y—100 DZ20J—100 DZ20G—100		100	16,20,32,40,50,63,80,100	电磁脱扣器 复式脱扣器 分励脱扣器额定控制电源电压 交流 220 V 交流 380 V 直流 110 V 直流 220 V 欠电压脱扣器额定工作电压 交流 220 V,380 V 电动机操作机构额定控制电压：交流 220 V,380 V 直流 220 V	配用 $10I_n$ 保护 电动机用 $12I_n$	Y 为一般型,J 为高分断能力型,G 为高分断能力型
DZ20Y—200 DZ20J—200 DZ20G—200	交流 380 直流 200	200	100,125,160,180,200,225		配用 $5I_n$,$10I_n$ 保护 电动机用 $8I_n$,$12I_n$	
DZ20Y—400 DZ20J—400 DZ20G—400		400	200,250,315,350,400		配用 $5I_n$,$10I_n$ 电动机用 $12I_n$	
DZ20Y—630 DZ20J—630		630	500,630		配用 $5I_n$,$10I_n$	
DZ20G—1250		1 250	630,700,800,1 000,1 250		配用 $4I_n$,$7I_n$	

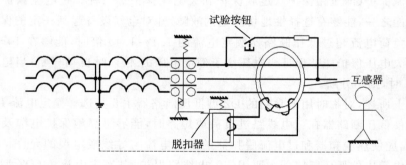

图 5-16　漏电保护器工作原理图

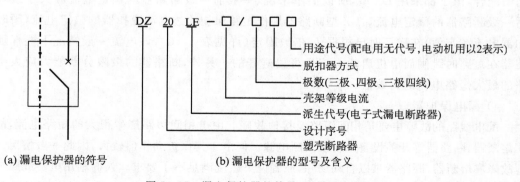

(a) 漏电保护器的符号　　　　(b) 漏电保护器的型号及含义

图 5-17　漏电保护器的符号、型号及含义

（1）现场常用漏电保护器的分类

施工现场常用的漏电保护器为电流动作型的漏电保护器,它可分为电磁式和电子式两种（图 5-18）。

(a) DZ20L　　　　　(b) DZ20LE

图 5-18　常用漏电断路器

电磁式漏电保护装置因全部采用电磁元件,其耐过电流和过电压冲击的能力较强,因而无须辅助电源。当主电路缺相时,装置仍能起漏电保护作用,但其灵敏度不易提高,且制造工艺复杂,价格较高,一般动作电流不小于 30 mA。

电子式漏电保护装置其中间环节使用了由电子元件构成的电子电路,中间环节的电子电路用来对漏电信号进行放大、处理和比较。其特点是灵敏度高、结构简单、体积较小、动作电流和动作时间调整方便、使用耐久。但电子式漏电保护装置对使用条件要求严格,抗电磁干扰性能差,耐雷击和操作过电压性能弱。当主电路缺相时,可能会失去辅助电源而丧失保护功能,价格较便宜。动作电流有 15 mA,30 mA 及 50 mA 等,缺点是不够稳定,有可能出现误动作。

现在有一种新型的透明外壳漏电保护器,适用于交流电压 220/380 V,是集漏电保护、过载保护、短路保护、隔离功能、辅助电源故障时断开等功能于一体的组合式漏电保护器(图 5-19)。其分断时具有可见分断点,并且带有触点断开指示装置。

(2)漏电保护器的主要技术参数

① 额定电压 U_n:一般为 380/220 V 两种。

② 额定电流 I_n:漏电保护器长期通过的并能正常接通或分断的电流,有 6 A,10 A,16 A,20 A,32 A,40 A,50 A,63 A,100 A,200 A,250 A,400 A 等。

③ 额定漏电动作电流 $I_{\triangle n}$:当漏电电流等于或大于该动作电流值时,漏电保护器必须动作。

④ 额定漏电不动作电流 $I_{\triangle n0}$:当漏电电流小于该值时,漏电保护器必须不动作,其优选值为动作电流的二分之一。

⑤ 动作时间:动作时间决定于保护要求,可分为下列三种类型:

图 5-19　组合式漏电保护器

快速型:最大分断时间不大于 0.1 s。施工现场一般用于开关箱内作为设备漏电的直接保护。

延时型:最大分断时间的优先值为 0.2 s,0.4 s,0.8 s,1 s,1.5 s,2 s。它只适用于 $I_{\triangle n}>$

0.03 A,施工现场一般用于分配电箱和总配电箱内作为间接漏电保护。

反时限型:分断时间是按电流通过人体的效应特性来考虑。施工现场一般不用。

漏电保护器上述各项技术参数,一般可从产品铭牌上看到,详见图 5-20 漏电保护器铭牌。

图 5-20 漏电断路器铭牌

（3）漏电保护器的选用

漏电保护器的选用要依据不同的使用目的和安装场所选用,根据电气设备的环境要求选用漏电保护器:

① 漏电保护器的防护等级应与使用环境条件相适应。

② 漏电保护器宜选用无辅助电源型电磁式漏电保护器或选用辅助电源故障时能自动断开的电子式漏电保护器。当选用辅助电源故障时不能断开的电子式漏电保护器时,应同时设置缺相保护。

③ 在高温或特低温环境中的电气设备应优先选用电磁式漏电保护器。

④ 漏电保护器的动作电流和动作时间的选取详见图 3-2、图 3-3。

⑤ 漏电保护器的额定电流选取可参考断路器。

5.6 配电箱与开关箱的使用与维护

在施工现场临时用电工程中,配电箱与开关箱是操作频繁、故障多发的电气装置。因此,保障配电箱与开关箱的安全运行,对于杜绝电气伤害事故是一项十分重要的工作。为达到安全用电、供电,对配电箱、开关箱的维护保养和安全使用,应当采取相应的安全技术措施。

1. 配电箱与开关箱使用的安全技术措施

1）各配电箱、开关箱必须做好标识

为了加强对配电箱、开关箱的管理,保障正确的停、关送电操作,防止误操作,所有的配电箱、开关箱,均应在箱门上清晰地标注其编号、名称、用途,并做分路标识及系统接线图（图 5-21）。而且,所有配电箱、开关箱必须专箱专用,不得随意另行挂接其他临时用电设备。

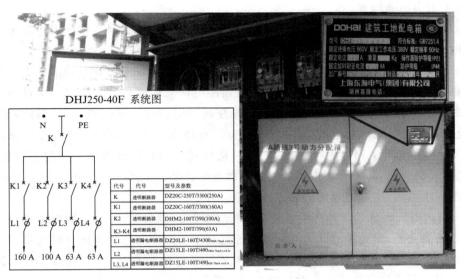

图 5 - 21　配电箱、开关箱标识

2）配电箱与开关箱必须按序停电、送电

为了防止停电、送电时电源手动隔离开关带负荷操作，以及便于对用电设备在停电、送电时进行监护，配电箱与开关箱之间应遵循合理的操作顺序。停电操作顺序应当是从末级到初级，即用电设备、开关箱、分配电箱、总配电箱（配电室内的配电柜）；送电操作顺序应当是从初级到末级，即总配电箱（配电室内的配电柜）、分配电箱、开关箱、用电设备。如果不遵循上述顺序，就有可能发生意外操作事故。送电时，如果先合开关箱内的开关，后合配电箱内的开关，就有可能使配电箱内的隔离开关带负荷操作，产生电弧，对操作者与开关本身均会造成损伤。

3）配电箱与开关箱必须配门锁

由于配电箱中的开关不经常操作，电器又经常处于通电工作状态，其箱门如果长期开启容易受到不良环境的侵害。为保障配电箱内的开关电器免受到不应有的伤害和防止人体意外伤害，应在配电箱上加锁。

4）对配电箱与开关箱操作者的要求

为确保配电箱与开关箱的正确使用，应对配电箱与开关箱的操作人员进行技术培训和安全教育。配电箱与开关箱的使用人员，必须掌握基本的安全用电知识与所使用设备的性能，并熟悉有关电器的正确使用方法。电箱内的漏电保护器应在每次使用前用试验按钮试跳一次，只有试跳正常才可使用。

配电箱与开关箱的操作者在上岗时，应按规定穿戴合格的绝缘用具，并在检查、认定配电箱、开关箱及其控制设备、电路和保护设施完好后，才可进行操作。若通电后发现异常情况，例如电动机不转动，则应立即拉闸断电，请专业电工进行检查，待消除故障后，才能重新操作。

2. 配电箱、开关箱的维修技术措施

在客观上，施工现场临时用电工程的环境比正式用电工程的环境条件要差。所以，对配电箱、开关箱应加强检查。

(1)配电箱、开关箱必须每月进行一次检查和维护,并定期巡检,检修由专业电工进行。在检修时,应穿戴好绝缘用品。

(2)检修配电箱与开关箱时,必须将前一级配电箱的相应电源开关拉闸断电,同时在线路断路器(开关)与隔离开关(刀闸)把手上悬挂停电检修标志牌。在检修用电设备时,必须把该设备的开关箱的电源开关拉闸断电,同时在断路器(开关)和隔离开关(刀闸)把手上悬挂"禁止合闸、有人工作"标志牌,不得带电作业。在检修地点,还应悬挂工作指示牌。

(3)配电箱与开关箱应保持整洁,不得再挂接其他临时用电设备。箱内不得放置任何杂物,尤其是易燃物,防止开关电器的火花点燃易燃物品起火爆炸。防止放置金属导电器材意外碰触到带电体,引起电器短路和人体触电。

(4)箱内电气元件的更换必须坚持同型号、同规格、同材料,并由专职电工进行更换,禁止操作者随意调换,避免换上的电气元件与原规格不符或采用其他金属材料代替。

(5)在施工现场,配电箱与开关箱的周围环境条件通常是变动的,随着工程的进展,必须对配电箱与开关箱的周围环境做好检查。尤其是进、出导线的检查,避免机械损伤和地面堆物使导线的绝缘等损坏。当情况严重时,除了进行修理、调换外,还应对配电箱与开关箱的位置做出适当调整或搭设防护设施,确保配电箱与开关箱的安全运行。

习 题

1. 根据《施工现场临时用电安全技术规范》(JGJ 46—2005)规定:二级保护中漏电保护器的动作电流和动作时间有哪些要求?
2. 施工现场所有用电设备的开关箱应做到哪四个"一"?
3. 现场配电箱、开关箱的安装位置、高度、相互间距离有哪些规定?
4. 电箱及其内部的电气元件在质量上有哪些要求?
5. 现场常用的电流动作型漏电保护器可分为哪两类?各有哪些优缺点?
6. 电箱中的隔离开关和断路器有什么区别?

第6章 外电线路的安全防护

教学目标：了解外电线路防护的意义和安全要求，熟悉施工现场对外电线路的安全距离，掌握外电防护设施的规范标准和搭设及拆除时的安全措施。

能力要求：能根据施工现场的具体位置和环境，正确判断外电防护的必要性，并能熟练地设计和编制外电防护专项施工方案。

6.1 概述

在施工现场，除去因现场施工需要而敷设的临时用电线路以外，往往还有原来就已经存在的高压或低压电力线路。这些原有电力线路统称为外电线路。

外电线路一般为架空线路，也有个别施工现场会遇到地下电缆线路，或二者皆有的情况。如果在建工程距离外电线路较远，那么外电线路不会对现场施工构成很大威胁。但有些外电线路紧邻在建工程，现场施工人员常因搬运物料或操作时意外触碰外电线路，甚至有些外电线路还在塔机的回转半径范围内，此时外电线路就成为施工中的不安全因素，极易酿成触电伤害事故。同时，在高压线附近，即使未触及线路，由于高压线路邻近空间高电场的作用，仍然会对人体构成潜在的危害或危险。

为确保现场的施工安全，防止外电线路对施工的危害，在建工程现场的各种设施与外电线路之间，必须保持可靠的安全距离或采取必要的安全防护措施。

6.2 施工现场对外电线路的安全距离

安全距离是指带电导体与其附近接地的物体、地面不同极（或相）带电体，以及和人体之间必须保持的最小空间距离或最小空气间隙。《规范》规定，在架空线路的下方不得施工，不得搭建临时建筑设施，不得堆放构件、材料等。当在架空线路的一侧作业时，必须保持安全距离。

在施工现场，安全距离包含了两个因素：必要的安全距离和安全操作距离。

1）必要的安全距离

在高压线路附近，存在着强电场，周围导体产生电感应，空气被极化，线路电压等级越高，相应的电感应和电极化也越强。所以，随着电压等级的增加，安全距离也要相应增加。

2）安全操作距离

在施工现场作业过程中，尤其是在搭设脚手架过程中，一般脚手架钢管都较长，如果与外电线路的距离过近，操作中就无法保障安全。所以，这里的安全距离在施工现场就变成安全操作距离。除了必要的安全距离外，还应当考虑作业条件的因素，所需的距离就更大。

施工现场的安全操作距离，主要是指在建工程（含脚手架）的外侧边缘与外电架空线路边线之间的最小安全操作距离，以及施工现场的机动车道与外电架空线路交叉时的最小安全垂直距离。对此，《规范》作了具体规定。

表 6-1 是在建工程(含脚手架)的外侧边缘与外电架空线路的边线之间的最小安全操作距离。表 6-2 是施工现场的机动车道与外电架空线路交叉时的最小垂直距离。

表 6-1　在建工程(含脚手架)外侧边缘与外电架空线路边线之间的最小安全操作距离

外电线路电压/kV	<1	1~10	35~110	220	330~500
最小垂直距离/m	4	6	8	10	15

表 6-2　施工现场机动车道与外电架空线路交叉时的最小垂直距离

外电线路电压/kV	<1	1~10	35
最小垂直距离/m	6	7	7

表 6-1、表 6-2 的数据,不仅考虑到静态因素,还考虑到施工现场实际存在的动态因素。例如,在建工程搭设脚手架时,脚手架管延伸至脚手架以外的操作因素等要严格遵守表 6-1、表 6-2 所规定的安全距离操作,就能可靠、有效地防止由于施工操作人员接触或过分靠近外电线路所造成的触电伤害事故。

6.3　施工现场对外电线路的防护措施

施工现场的位置往往不是可以任意选择的,当外电架空线路边缘与在建工程(含脚手架)、交叉道路、吊装作业距离不能满足其规定的最小安全距离时,为确保施工安全,应当采取设置防护性遮栏、栅栏,以及悬挂警告标志牌等防护措施,实现施工作业与外电线路的有效隔离,并引起相关施工作业人员的注意。

架设防护设施必须经有关部门批准,采用线路暂时停电或其他可靠的安全技术措施,并应有电气工程技术人员及专职安全人员监护。防护设施必须坚固、稳定,对外电线路的隔离防护应达到 IP30 级(注:IP30 级指防护设施的最大缝隙,能防直径 2.5 mm 固体异物穿出)。

外电线路与遮栏、栅栏等之间也存在安全距离问题,各种不同电压等级的外电线路遮栏、栅栏等防护设施的安全距离见表 6-3,表中所列数据对于施工现场设置遮栏、栅栏有重要参考价值,应当严格遵循表中给出的数据,从而控制可靠的安全距离,避免触电事故的发生。若不能满足表中的安全距离,即使设置遮栏、栅栏等防护设施,也满足不了安全要求,在此情况下不得强行施工。

表 6-3　带电体至遮栏、栅栏的安全距离　　　　单位:cm

外电线路的额定电压/kV		1~3	6	10	35	60	110	220	330	500
线路边线至栅栏的安全距离	屋内	82.5	85	87.5	105	130	170	—	—	—
	屋外	95	95	95	115	135	175	265	450	—
线路边线至网状栅栏的安全距离	屋内	17.5	20	22.5	40	65	105	—	—	—
	屋外	30	30	30	50	70	110	190	270	—

另外,施工现场搭设的栅栏等防护设施,应使用木质等绝缘材料。若使用钢管等金属材料,则应作良好的接地。搭设和拆除时必须停电。防护架距作业区较近时,应用硬质绝缘材

料封严,防止脚手管、钢筋等误穿越引起触电事故。

考虑到施工现场的实际情况,外电防护主要有以下几种方法,图中的 L 为防护设施与外电线路的最小安全距离,应满足表 6-3 的数值要求。

（1）若在建工程不超过高压线 2 m 时,防护设施如图 6-1 所示;如超过高压线 2 m 时,主要考虑超过高压线的作业层掉物可引起高压线短路且人员操作距离近可能触及高压线的危险,需设置顶部绝缘隔离防护措施,如图 6-2 所示。

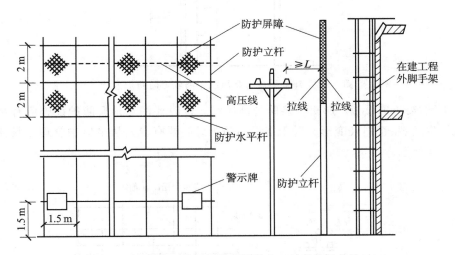

图 6-1　在建工程不超过高压线 2 m 时的防护方法

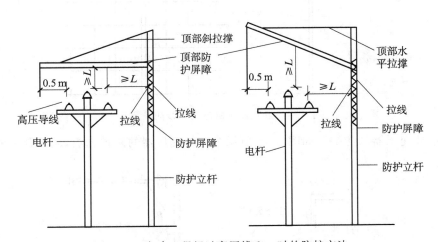

图 6-2　在建工程超过高压线 2 m 时的防护方法

（2）当建筑物外脚手架与高压线距离较近,无法单独设防护设施,则可利用外脚手架防护立杆设置防护设施,即脚手架与高压线平行的一侧用合格的密目式安全网全部封闭,此侧面的钢管脚手架至少做三处可靠接地,接地电阻应小于 10 Ω。同时,在与高压线等高的脚手架外侧面,挂设与脚手架外侧面等长、高 3~4 m 的细格金属网,并把此网用绝缘接地线进行三处可靠接地,接地电阻小于 10 Ω。当建筑物超过高压线 2 m 时,仍需搭设顶棚防护屏障。在搭设顶棚防护设施有困难时,可在外架上直接搭设防护屏障到外架顶部,如图 6-3 所示。

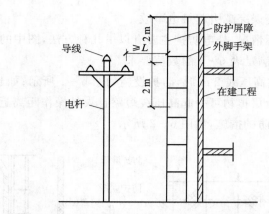

图 6-3　外脚手架与高压线距离较近时防护方法

　　（3）跨越架防护设施。起重吊装跨越高压线。这时要注意顶棚防护设施应有足够的强度，以免发生断裂、歪斜及变形。对于搭设的防护设施要有专人从事监护管理。具体防护方法如图 6-4 所示。

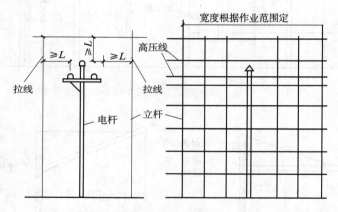

图 6-4　起重吊装跨越高压线防护方法

　　（4）室外变压器的防护。如图 6-5 所示为室外变压器的防护方法，应符合下列要求：

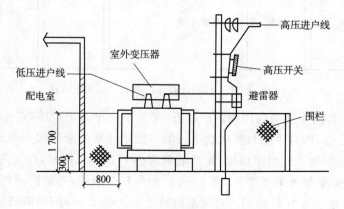

图 6-5　室外变压器的防护方法

① 变压器周围要设围栏高度应不小于 1 700 mm；

② 变压器外廓与围栏或建筑物外墙的净距应不小于 800 mm；

③ 变压器底部距地面高度应不小于 300 mm；

④ 栅栏的栏条之间间距应不大于 200 mm。

（5）高压线过路防护。在一般情况下，穿过高压线下方的道路，其高压线下方可不做防护，如发生高压线对地距离达不到《规范》要求的情况下，高压线下方就必须做好相应的防护设施，使车辆通过时有高度限制。防护设施与高压线之间的距离应满足最小安全操作距离。具体方法如图 6 - 6 所示。

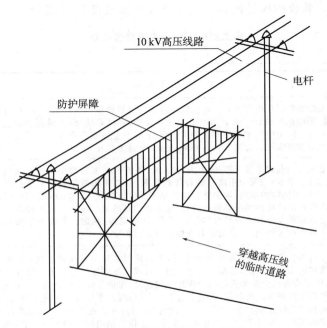

图 6 - 6　高压线过路防护方法

习　题

1. 什么叫外电线路？

2. 什么叫安全距离？它包括哪两个因素？

3. 施工现场搭设的栅栏等保护设施应使用什么材料？搭设时应注意什么？

4. 在建工程脚手架的外侧边缘与 10 kV 的外电架空线路的边线之间的最小安全操作距离是多少？

第7章 施工用电的验收和日常检查要点及管理

7.1 施工用电安全技术综合验收

根据《规范》规定：临时用电工程必须经编制、审核、批准部门和使用单位共同验收，合格后方可投入使用。验收的项目内容及技术要求可参照表7-1进行。

表 7-1 　　　　　　　　　　　　　施工用电安全技术综合验收表

工程名称：_____

序号	验收项目	技术要求	验收结果
1	施工方案	施工现场临时用电设备在5台及以上或设备总容量在50 kW及以上者，应编制用电组织设计。临时用电组织设计及变更时，必须履行"编制、审核、批准"程序，由电气工程技术人员组织编制，经企业技术负责人和项目总监批准后方可实施。方案实施前必须进行安全技术交底	
2	外电防护	外电线路与在建工程及脚手架、起重机械、场内机动车道的安全距离应符合《规范》要求；当安全距离不符合规范要求时，必须编制外电安全防护方案，采取隔离防护措施，隔离防护应达到IP30级（防止 φ2.5 mm 的固体侵入），防护屏障应用绝缘材料搭设，并应悬挂明显的警示标志。防护设施与外电线路的安全距离应符合《规范》要求，并应坚固、稳定。外电架空线路正下方不得进行施工、建造临时设施或堆放材料物品	
3	接地与接零保护系统	施工现场应采用 TN-S 接零保护系统，不得同时采用两种保护系统；保护零线应由工作接地线、总配电箱电源侧零线或总漏电保护器电源零线处引出，电气设备的金属外壳必须与保护零线连接；保护零线应单独敷设，线路上严禁装设开关或熔断器，严禁通过工作电流；保护零线应采用绝缘导线。规格和颜色标记应符合《规范》要求；保护零线应在总配电箱处、配电系统的中间处和末端处不少于3处重复接地。工作接地电阻不得大于4 Ω，重复接地电阻不得大于10 Ω；接地装置的接地线应采用2根及以上导体，在不同点与接地体进行电气连接。接地体应采用角钢、钢管或光面圆钢；施工现场起重机、物料提升机、施工升降机、脚手架应按《规范》要求采取防雷措施，防雷装置的冲击接地电阻值不得大于30 Ω；做防雷接地机械上的电气设备，保护零线必须同时做重复接地	
4	配电线路	线路及接头应保证机械强度和绝缘强度；线路应设短路、过载保护，导线截面应满足线路负荷电流；线路的设施、材料及相序排列、档距、与邻近线路或固定物的距离应符合《规范》要求；严禁使用四芯或三芯电缆外加1根电线代替五芯或四芯电缆以及老化、破皮电缆；电缆应采用架空或埋地敷设并应符合《规范》要求，严禁沿地面明设或沿脚手架、树木等敷设；电缆中必须包含全部工作芯线和用作保护零线的芯线，并应按规定接用；室内明敷主干线距地面高度不得小于2.5 m	
5	配电箱、开关箱	施工现场配电系统应采用三级配电、三级漏电保护系统，用电设备必须有各自专用的开关箱，箱体结构、箱内电器设置及使用应符合《规范》要求；配电箱必须分设工作零线端子板和保护零线端子板，保护零线、工作零线必须通过各自的端子板连接；总配电箱、分配电箱与开关箱应安装漏电保护器，漏电保护器参数应匹配并灵敏可靠；箱体应设置系统接线图和分路标记，并应有门、锁及防雨措施；箱体安装位置、高度及周边通道应符合《规范》要求；分配箱与开关箱间的距离不应超过30 m，开关箱与用电设备间的距离不应超过3 m	

续表

序号	验收项目	技 术 要 求	验收结果
6	配电室与配电装置	配电室的建筑耐火等级不应低于三级,配电室应配置适用于电气火灾的灭火器材;配电室、配电装置的布设应符合《规范》要求;配电装置中的仪表、电器元件设置应符合《规范》要求;配电室内应有足够的操作、维修空间,备用发电机组应与外电线路进行联锁;配电室应采取防止风雨和小动物侵入的措施;配电室应设置警示标志、工地供电平面图和系统图	
7	现场照明	照明用电应与动力用电分设;特殊场所和手持照明灯应采用 36 V 及以下安全电压供电;照明变压器应采用双绕组安全隔离变压器;灯具金属外壳应接保护零线;灯具与地面、易燃物间的距离应符合《规范》要求;照明线路和安全电压线路的架设应符合规范要求;施工现场应按规范要求配备应急照明	
8	用电档案	总包单位与分包单位应签订临时用电管理协议,明确各方相关责任;用电各项记录应按规定填写,记录应真实有效;用电档案资料应齐全,并应设专人管理	
施工单位验收意见		监理单位验收意见		验收人员	项目负责人: 项目技术负责人: 项目安全员: 项目施工员: 项目电工: 验收日期:

7.2　临时用电日常检查要点

施工现场临时用电的特点是用电设备移动频繁,电气设备和供电线路工作环境相对较差,而且负荷变动大,再加上电气设备操作人员技术素质较低,经常发生擅自乱拉乱接电线现象。因此,临时用电应加强日常管理,定期检查,发现隐患,及时整改。根据《建筑施工安全检查标准》(JGJ 59—2011)的要求,检查的要点(常见缺陷)如下。

7.2.1　保证项目

1. 外电防护

(1)外电线路与在建工程及脚手架、起重机械、场内机动车道之间的安全距离不符合《规范》要求,且未采取防护措施;

(2)防护设施未设置明显的警示标志;

(3)防护设施与外电线路的安全距离及搭设方式不符合《规范》要求;

(4)在外电架空线路正下方施工、建造临时设施或堆放材料物品。

2. 接地与接零保护系统

(1)施工现场专用的电源中性点直接接地的低压配电系统未采用 TN-S 接零保护系统;

(2)配电系统未采用同一保护系统;

(3)保护零线引出位置不符合《规范》要求;

(4)电气设备未接保护零线;

(5)保护零线装设开关、熔断器或通过工作电流;

(6)保护零线材质、规格及颜色标记不符合《规范》要求;

（7）工作接地与重复接地的设置、安装及接地装置的材料不符合《规范》要求；

（8）工作接地电阻大于 4 Ω，重复接地电阻大于 10 Ω；

（9）施工现场起重机、物料提升机、施工升降机、脚手架防雷措施不符合《规范》要求；

（10）防雷接地机械上的电气设备、保护零线未重复接地。

3．配电线路

（1）线路及接头不能保证机械强度和绝缘强度；

（2）线路未设短路、过载保护；

（3）线路截面不能满足负荷电流；

（4）线路的设施、材料及相序排列、档距、与邻近线路或固定物的距离不符合《规范》要求；

（5）电缆沿地面不应明设，不应沿脚手架、树木等敷设，或出现敷设不符合《规范》要求的其他情况；

（6）未使用符合《规范》要求的电缆；

（7）室内明敷主干线距地面高度小于 2.5 m。

4．配电箱与开关箱

（1）配电系统未采用三级配电、二级漏电保护系统；

（2）用电设备未有各自专用的开关箱；

（3）箱体结构、箱内电器设置不符合《规范》要求；

（4）配电箱零线端子板的设置、连接不符合《规范》要求；

（5）漏电保护器参数不匹配或检测不灵敏；

（6）配电箱与开关箱电器损坏或进出线混乱；

（7）箱体未设置系统接线图和分路标记；

（8）箱体未设门、锁，未采取防雨措施；

（9）箱体安装位置、高度及周边通道不符合《规范》要求；

（10）分配电箱与开关箱、开关箱与用电设备的距离不符合《规范》要求。

7.2.2 一般项目

1．配电室与配电装置

（1）配电室建筑耐火等级未达到三级；

（2）未配置适用于电气火灾的灭火器材；

（3）配电室、配电装置布设不符合《规范》要求；

（4）配电装置中的仪表、电器元件设置不符合《规范》要求或仪表、电器元件损坏；

（5）备用发电机组未与外电线路进行联锁；

（6）配电室未采取防雨雪和小动物侵入的措施；

（7）配电室未设警示标志，未设工地供电平面图和系统图。

2．现场照明

（1）照明用电与动力用电混用；

（2）特殊场所未使用 36 V 及以下安全电压；

（3）手持照明灯未使用 36 V 以下电源供电；

（4）照明变压器未使用双绕组安全隔离变压器；

（5）灯具金属外壳未接保护零线；

（6）灯具与地面间、易燃物之间小于安全距离；

（7）照明线路和安全电压线路的架设不符合《规范》要求；

（8）施工现场未按《规范》要求配备应急照明。

3. 用电档案

（1）总包单位与分包单位未订立临时用电管理协议；

（2）未制订专项用电施工组织设计、外电防护专项方案或设计、方案缺乏针对性；

（3）专项用电施工组织设计、外电防护专项方案未履行审批程序，实施后相关部门未组织验收，接地电阻、绝缘电阻和漏电保护器检测记录未填写或填写不真实；

（4）安全技术交底、设备设施验收记录未填写或填写不真实；

（5）定期巡视检查、隐患整改记录未填写或填写不真实；

（6）档案资料不齐全，未设专人管理。

7.3　用电人员的基本要求和职责

由于施工现场环境的多变及恶劣性，施工用电的特殊性，施工现场的复杂性，故必须对施工现场所有的用电人员提出具体要求和相应的职责。

7.3.1　专业技术人员

1. 基本要求

（1）掌握安全用电的基本知识和各种机械设备、电气设备的性能，熟知《建筑施工特种作业人员操作资格证书》（建筑电工）的管理规定；

（2）能独立编制临时用电施工组织设计；

（3）熟知电气事故的种类、危害，掌握事故的规律性和处理事故的方法，熟知事故报告规程；

（4）掌握触电急救的方法；

（5）掌握调度管理要求和用电管理规定；

（6）熟知用电安全操作规程及技术、组织措施。

2. 职责

（1）编制施工现场临时用电施工组织设计并指导安全施工；

（2）对电工和安装人员进行安全技术交底；

（3）对临时用电设施和用电设备进行验收；

（4）定期组织或参加施工现场的电气安全检查活动，发现问题及时予以解决；

（5）制订施工现场临时用电管理制度和责任制；

（6）对施工现场进行用电管理和调度管理；

（7）参与电气事故的处理，分析事故原因，找出薄弱环节，采用针对性措施，预防同类事故的发生；

（8）建立健全施工现场临时用电的技术档案；

（9）经常性地对电工及其他用电人员进行安全用电教育。

7.3.2 建筑电工

1. 基本要求

（1）年满十八周岁，身体健康，无妨碍从事本职工作的病症和生理缺陷，具有初中文化程度和具有建筑电工安全技术，建筑电工基础理论和专业技术知识，并有一定的实践经验；

（2）维修、安装或拆除临时用电工程必须由建筑电工完成，该电工必须持有建设主管部门颁发的《建筑施工特种作业人员操作资格证书》（建筑电工），且在有效期内；

（3）电工等级应同临时用电工程的技术难易程度和复杂性相适应，对于由高等级电工完成的不能指派低等级的电工去做；

（4）应了解电气事故的种类和危害，电气安全特点，重要性，能正确处理电气事故；

（5）熟悉触电伤害种类、发生原因及触电原因及触电方式，了解电流对人体的伤害，触电事故发生的规律，并能对触电者采取急救措施；

（6）掌握安全电压的选择及使用；

（7）应了解绝缘、屏护、安全距离等防止直接电击的安全措施，绝缘损坏的原因、绝缘指标，掌握防止绝缘损坏的技术要求及绝缘测试方法；

（8）了解各种保护系统，掌握应用范围、基本技术要求和使用、维护方法；

（9）了解漏电保护器的类型、原理和特性，能根据实际和规范要求合理选用漏电保护器，能正确接线和使用、维护测试；

（10）了解雷电形成原因及其对用电设备、人畜的危害，掌握防雷保护的要求及预防措施；

（11）了解电气火灾形成原因及预防措施，懂得电气火灾的扑救程序，合理选择使用及保管灭火器材；

（12）了解静电的特点、危害性及产生原因，掌握防静电基本方法；

（13）了解电气安全保护用具的种类、性能及用途，掌握使用、保管方法和试验周期、试验标准；

（14）了解施工现场特点，了解潮湿、高温、易燃、易爆、导电性腐蚀性气体或蒸汽、强电磁场、导电性物体、金属容器、地沟、隧道、井下等环境条件对电气设备和安全操作的影响，能知道在相应的环境条件下设备选型、运行、维修的电气安全技术要求；

（15）了解施工现场周围环境对电气设备安全运行的影响，掌握相应的防范事故的措施；

（16）了解电气设备的过载、短路、欠压、失压、断相等保护的原理，掌握本岗位电气设备保护方式的选择和保护装置及二次回路的安装调试技术，掌握本岗位电气设备的性能，主要技术参数及其安装、运行、检修、维护、测试等技术标准和安全技术要求；

（17）掌握照明装置、移动电具、手持电动工具及临时供电线路安装、运行、维护的安全技术要求；

（18）掌握与电工作业有关的登高、机械、起重、搬运、挖掘、焊接、爆破等作业的安全技术要求；

（19）掌握静电感应的原理及在临近带电设备或有可能产生感应电压的设备上工作时安全技术要求；

（20）了解带电作业的理论知识，掌握相应带电操作技术和安全要求；

（21）了解本岗位内的电气系统的线路走向、设备分布情况、编号、运行方式、操作步骤和事故处理程序；

（22）了解用电规定和调度要求；

（23）了解施工现场用电管理各项制度；

（24）了解电工作业安全的组织措施和技术措施。

2．职责

（1）根据施工用电图纸和临时用电施工组织设计进行电气安装；

（2）做好巡视工作，定期对电气设备进行检查；

（3）做好漏电保护器的测试并记录；

（4）定期做接地电阻测试并记录；

（5）定期做绝缘电阻测试并记录；

（6）做好日常电气设备的维修并记录；

（7）参与用电事故的处理，分析原因。

7.3.3　用电设备操作人员

1．基本要求

（1）掌握安全用电基本知识及所使用的设备的性能；

（2）了解使用设备必须穿戴的劳动保护用品；

（3）了解本设备的电气保护系统；

（4）掌握所使用的设备电气事故的紧急措施。

2．职责

（1）经常检查电气装置和漏电保护器等电气保护设施的完好情况；

（2）正确送电、断电，锁好开关箱；

（3）负责保护所用设备的负荷线、保护零线和开关箱等，发现问题及时报告建筑电工解决；

（4）搬迁、移动或拆卸用电设备等电气方面的问题必须经建筑电工处理，操作工不得擅自处理。

7.4　临时用电管理规章制度

近年来，随着机械、用电设备和电气装置的不断增多，触电事故的发生频率直线上升，据统计，触电事故已上升到"五大伤害"中的第二位，而造成触电事故的一个很重要原因就是管理制度不健全，有章不循，所以为了安全用电，施工现场必须建立完整的临时用电规章制度。

7.4.1　配电室安全管理制度

配电室是整个施工现场的用电枢纽，必须加以严格管理，室内必须做到"四防一通"，即防火、防雨雪、防潮、防小动物和保持良好通风。室内不应乱堆杂物,但应具备各种防护用具,如绝缘棒、绝缘手套、绝缘靴等,室内还应有电气消防器材、应急照明灯。配电室必须定期检查、维护保养,具有应急抢救措施和救火预案等。必须对合闸、拉闸顺序作详细规定,配电室严禁闲杂人员进入,实现专人专职,严禁在室内休息、玩耍或在室内从事其他工作。

7.4.2 运行、检修管理制度

为了确保线路的正常运行,必须要有明确的规定,施工现场的每一只开关箱必须责任到人,对开关箱的使用、开/关顺序、维护等应作出规定。从开关箱到用电设备的这段线路由机械操作工负责维护,对现场需要更改临时用电设施必须作出规定,严禁工人自行接线等,夜间电工值班必须配备 2 人。

对于电气线路的检修必须作明确规定,检修时必须有 2 人在场,1 人检修,1 人实行监护,检修时必须挂牌或装设遮拦,停电检修、部分停电检修、带电检修应分别遵守相应的要求,如带电部分只允许位于检修人员的侧边,断线时必须先断相线、后断零线,接线时先接零线、后接相线。监护人的具体要求、工作职责也应作明文规定,如监护人必须始终在工作现场,对工作人员的安全认真监护,及时纠正违反安全的动作,同时防止其他人员合闸送电。

7.4.3 临时用电检查制度

建筑施工现场始终处于一个动态变化之中,临时用电也不例外,用电设备进退场有早晚,有的因为设备需要还需更改临时用电施工组织设计,还有施工现场用电人员用电安全意识欠缺,开关箱以下的线路乱拖乱拉,有意无意损坏电气设备的情况很普遍,个别领导不懂装懂、盲目指挥的现象还时有发生,所以很必要对施工现场临时用电进行经常性的检查,也很有必要用制度形式固定下来。

检查一般分为专业技术人员检查、定期测试和电工巡回检查等几种,对每一项检查都应规定检查责任人、检查时间、检查项目,并都应作记录,如遇到有问题必须进行整改,对整改也必须作出规定,必须定时间、定责任人、定措施。专业技术人员的定期检查一般应每周一次,从配电室开始到分配箱、开关箱、用电设备进行全面检查。定期测试一般由电工完成,包括对接地电阻的测试、绝缘电阻的测试、漏电保护器的测试。电工巡回检查的目的是监视设备运行情况和及时发现缺陷及用电人员的不安全行为,每班都必须巡视,在雷雨天增加巡检次数。

7.4.4 安全用电教育制度

目前建筑施工现场农民工居多,他们的安全生产意识淡薄,综合素质差,缺乏安全用电常识,且触电危害性大,所以很有必要以制度形式将安全教育和安全技术培训固定下来。新进场工人还应进行安全用电教育。建筑电工是特种作业人员,必须进行用电安全技术培训、考核,且每两年必须复审,施工现场应根据不同季节进行安全用电教育并形成制度,如夏季着重于防触电事故,冬季则着重于防电气火灾。

7.4.5 宿舍安全用电管理制度

现阶段建筑施工队伍中的农民工素质较差,难于管理,且每天吃住在工地,宿舍内电线私拉乱接,并把衣服、手巾晾在电线上,冬天使用电炉取暖,夏天将小风扇接进蚊帐,常因为用电量太大或漏电,而将熔断器用铜丝连接或将漏电保护器短接,这些不规范的现象极易引起火灾、触电事故等,所以必须对宿舍用电加以规定,用制度加以约束管理。

宿舍安全用电管理制度应规定宿舍内可以使用什么电器,不可以使用什么电器,严禁私拉乱接,宿舍内接线必须由电工完成,严禁私自更换熔丝,严禁将漏电保护器短接,同时还应规定处罚措施。

7.5　施工用电档案

建筑施工现场临时用电的安全技术档案的整个编写过程就是施工现场临时用电的安装、运行管理的过程,就是临时用电组织管理措施和电气安全技术措施的实施过程,也是控制和消除施工生产中的电气不安全状态和不安全行为,达到保护职工生命安全和企业财产免受损失的过程。建立临时用电安全技术档案,对加强临时用电的科学化、规范化、标准化起着十分重要的作用,也可以起到预防事故、尽早消除事故隐患的作用,同时可为分析电气事故原因提供原始数据。

临时用电技术档案应由施工现场的专业技术人员负责建立和管理,也可指定工地资料员保管,对于平时的维修记录、测试记录等可由电工代管,工程结束,于临时用电工程拆除后统一归档。

根据《施工现场临时用电安全技术规范》的规定,临时用电安全技术档案包括:

(1) 临时用电施工组织设计的全部资料;

(2) 修改临时用电施工组织设计的资料;

(3) 技术交底资料;

(4) 临时用电工程检查验收表;

(5) 电气设备的测试、检查凭单和调试记录;

(6) 接地电阻测定记录表;

(7) 定期检(复)查表;

(8) 电工安装维修拆除工作记录。

临时用电安全技术档案的建立必须真实、全面和规范,不流于形式,真正起到指导施工用电、促进安全生产的作用。

7.5.1　施工组织设计

(1) 施工组织设计的全部资料包括现场勘查的资料,所有用电设备的详细统计资料,用电负荷的计算资料,变配电所的设计资料,配电线路、配电箱及开关箱的位置及线路走向等的设计资料,接地或接零、防雷设计的资料,导线截面及开关电器装置选择的资料,防护措施的确定资料,接地装置设计图、电气总平面图、立面图、接线系统图,安全用电组织保证措施、安全用电技术保证措施、电气防火措施。

(2) 施工组织设计是施工现场临时用电的基础性技术、安全资料,必须体现针对性、科学性、实用性的特点,各种资料必须有明确的来源,资料间必须互相衔接,以保持资料准确、可靠和系统。由于施工用电的特殊性,专业化要求很强,电气管理须具有一定的理论水平和技术水平,它关系着用电人员乃至整个工地职工的安危,绝不是其他人员如资料员等能够随便代替的,所以临时用电施工组织设计必须由现场工程技术人员编制,同时必须经技术负责人审核,有关部门批准后方可实施,这样整个施工组织设计才算是完整的。

7.5.2 修改临时用电施工组织设计的资料

施工过程是个动态过程,临时用电设施根据施工需要有时也要进行大范围的改动,这时就必须对临电设计进行变更,必须填写变更单,仍由原设计人进行设计,同时变更后的电气平面图、立面图等图纸,仍必须经过审核、审批手续,各种变更资料附于变更单后以备查。

7.5.3 技术交底资料

临时用电工程的施工组织设计在批准后正式实施前或临时用电实施过程中,主管工程技术人员向安装、维修临时用电工程的电工和各种设备的用电人员分别贯彻临时用电安全技术重点的过程称为技术交底。技术交底的主要项目包括临时用电安全技术规范、法规和各项条款的具体规定,临时用电施工组织设计的总体意图、总平面布置,在建工程和临近高压线的距离与保护措施,架空线路的敷设,电缆线路的敷设,变配电设施与维护,配电箱的设置,开关电器及熔丝的选择,接地与防雷保护,现场照明以及安全用电技术措施,冬雨季安全用电措施,电气防火措施,触电事故紧急处理原则、急救措施,以及各类人员的分工和职责等。

技术交底资料是施工现场临时用电方面的广泛性安全教育资料,它的编制与贯彻对于施工现场临时用电的安全工作具有全面的指导意义,因此技术交底资料必须充分体现针对性、实用性的特点,应突出强调以保证电气安全为重点的安全技术措施,并且资料必须完备、可靠,特别是在技术交底资料上应能明确显示出交底日期,讨论意见和交底与被交底人的签名。

7.5.4 检查验收资料

当临时用电工程施工完成后,必须由专业人员进行检查验收,并填写检查验收表,详见本章"7.1 施工用电安全技术综合验收"。上述检查无误后进行送电试运行,试运行时间为12 个小时,在此期间,应派两位电工不间断值班,并进行漏电保护器的性能测试,经巡视检查合格,临时用电设施便可投入使用,在填写验收表时验收人要写清楚验收结论,并办理签字手续。

7.5.5 电气设备调试、测试和检验资料

大型机械设备进入施工现场安装完毕后必须进行调试,其中也包括了设备电气部分的调试,此类设备包括吊车、电渣压力焊机、对焊机、施工升降机、塔式起重机、物料提升机等,因为其比较复杂,易发生各种伤亡事故,所以调试时必须认真、细致,严格把关,决不能让设备带病运转。

电气调试过程首先应测试线路、电机等带电部分与非带电部分的绝缘电阻,其次检查保护接零、接地、防雷接地的接地电阻值,最后仔细察看电器开关、电机外观等有无损坏,是否受压变形,各种防护罩是否齐全,最后通电试运行,检查控制电器闭合、打开是否灵活,是否有卡死现象,依次检查各限位保险装置是否灵敏可靠,电机转动是否正常,制动是否可靠,设备能否正常作业等。对于检查发现的问题及时整改,未整改到位的不能投入使用,设备只有

试运行合格后方可投入正常使用。

7.5.6　接地电阻测试记录

施工现场的接地有工作接地、保护接地和防雷接地等,各种接地的规定和电阻值的要求也有所不同,一般情况下,施工现场电力变压器或发电机的工作接地的电阻值不大于 4 Ω。对于单台容量不超过 100 kV·A 或使用同一个接地装置并联运行的总容量不超过 100 kV·A 的变压器或发电机的工作接地电阻值可适当放宽至不大于 10 Ω。重复接地电阻值一般不大于 10 Ω,但对于工作接地电阻值允许不超过 10 Ω 的施工现场,每一重复接地电阻值可放宽至不大于 30 Ω,对于防雷接地按规定机械设备的每一防雷装置的防雷接地或冲击接地电阻值不得大于 30 Ω。接地电阻应每隔一段时间测试一次,冬季雨季应增加测试次数,测试完应做好完整的记录,并办理签字手续。

7.5.7　绝缘电阻测试记录

测试绝缘电阻主要对供电线路和用电设备的工作绝缘进行测试,应按不同回路,分级、分相,用相应规格型号的兆欧表测试,其中对供电线路的测试一般应测各相间绝缘及对地绝缘,将各数值填入表格中,并与规范规定值相比较,规范中一般绝缘电阻值不小于 0.5 MΩ,若发现问题应注明问题,填写处理意见,并办理签字手续。

7.5.8　漏电保护器测试记录

漏电保护器是防止触电事故的重要保护装置,为保证其安全性能及使用安全,必须经常进行试跳检查和常规检测,试跳检查由电工完成,每月每台漏电保护器都必须进行一次试跳,测试联锁机构的灵敏度,其测试方法为按动漏电保护器的试验按钮 3 次,带负荷分、合开关 3 次,相邻两次时间间隔至少 2 min,不应有误动作。试跳结果必须进行记录,并办理签字手续,若发现问题则写明问题、处理意见及最后处理结果。常规检测主要测试其特性参数,测试内容为漏电动作电流、漏电不动作电流、分断时间及绝缘电阻,其测试方法应用专用的漏电保护器测试仪进行。以上测试应在安装后和使用前进行,漏电保护器投入运行后定期(每月)进行,雷雨季节应增加次数。

7.5.9　定期检查和复查资料

施工现场临时用电定期检查,建议电工每天上班前自查,由主要负责人带队组织定期的安全大检查,施工现场每周一次,基层分公司每月一次,总公司每季一次,遇到季度更换或特殊季节(如夏季、雷雨刮风季节)应增加检查次数。

临时用电检查主要是查认识、查制度、查设施、查安全教育培训、查操作、查劳保用品等,具体地说就是检查用电人员的用电常识、自我保护意识,检查临电制度是否贯彻执行,责任制是否落到实处,检查三级配电、二级保护、接零接地绝缘等是否符合要求,检查电工的操作证及复审情况,检查用电人员安全操作情况及检查劳保用品的穿戴及配备情况等。通过检查可以预知危险、清除危险,纠正违章指挥、违章作业和违反劳动纪律的"三违"现象,可以进一步宣传、贯彻落实安全生产方针、政策和各项安全生产规章制度。检查时应认真仔细,不留死角,对存在的隐患填入定期检查记录表,标明部位、内容,按三定(定时间、定人、定措施)的原则,立即组织制订方案,办理签字手续,立即落实进行整改,并按限定时间进行复查验收。

　　复查验收一定要在限定的时间之内进行,只许提前,不应滞后,复查的目的就是检查事故隐患是否按时得到及时整改,以及整改措施是否得到有效落实。复查时应根据定期检查记录表中的隐患内容、部位,逐条进行核查,并对整改结果进行评价,对整改合格的项目予以销案,对于整改不合格或尚未整改的项目应勒令强行整改。

7.5.10　电工安装维修拆除工作记录

　　建筑电工安装维修拆除工作记录是反映电工日常电气安装维修拆除工作情况的资料,由现场资料员负责建立和审查,当临时用电设施或电气设备发生故障时,由主管专业技术人员填写故障现象,分析故障发生的原因,并注明所采取的维修改进措施,应尽可能记载详细,包括时间、地点、设备、维修内容、技术措施、处理结果等,并经正式运行合格后填写结论意见及以后应注意的问题,避免事故再次发生并办理签字手续。

习　题

1. 施工用电安全技术综合验收项目有哪几个?
2. 工作接地电阻、重复接地、防雷接地电阻应分别不大于多少?
3. 施工现场建筑电工的职责有哪些?
4. 施工临时用电管理一般应制定哪些规章制度?
5. 临时用电安全技术档案包括哪些内容?

第8章　临时用电施工组织设计实例

教学目标：了解临时用电施工组织设计的主要内容及编写要点，熟悉临时用电施工组织设计的具体要求，掌握编写的格式和方法。

能力要求：能根据施工项目的环境和具体用电设备情况，编写出一个完整的合乎要求的临时用电施工组织设计。

8.1　临时用电施工组织设计的主要内容及编写要点

依据建筑施工用电组织设计的主要安全技术条件和安全技术原则，完整的建筑施工用电组织设计应包括现场勘测、负荷计算、配电室设计、配电线路设计、配电装置设计、接地设计、防雷设计、外电防护措施、安全用电与电气防火措施、施工用电工程设计施工图等。

8.1.1　现场勘测

现场勘测工作包括调查、测绘施工现场的地形、地貌、地质结构，正式工程位置、电源位置，地上与地下管线和沟道位置，以及周围环境、用电设备等。通过现场勘测可确定电源进线、变电所、配电室、总配电箱、分配电箱、固定开关箱、物料和器具堆放位置，以及办公、加工与生活设施、消防器材位置和线路走向等。

现场勘测时最主要的就是既要符合供电的基本要求，又要注意临时性的特点。

8.1.2　负荷计算

负荷计算主要是根据施工现场用电情况计算用电设备、用电设备组、配电线路，以及作为供电电源的变压器或发电机的计算负荷。

负荷计算是选择电力变压器、配电装置、开关电器和导线、电缆的主要依据。

8.1.3　变配电室设计

变配电室设计主要是选择和确定变配电室的位置、变压器容量、相关配电室位置与配电装置布置、防护措施、接地措施、进线与出线方式以及与自备电源（发电机组）的连接方法等。

8.1.4　配电线路设计

配电线路设计主要是选择和确定线路走向、配线种类（绝缘线或电缆）、敷设方式（架空或埋地）、线路排列、导线或电缆规格以及周围防护措施等。

配电线路必须按照三级配电两级保护进行设计，又因为是临时性布线，设计时应考虑架设迅速和便于拆除，线路走向尽量短捷。

8.1.5　配电装置设计

配电装置设计主要是选择和确定配电装置（配电柜、总配电箱、分配电箱、开关箱）的结构、电器配置、电器规格、电气接线方式和电气保护措施等。

配电装置必须按照"一机一箱一闸"配置,配电层次要清楚,在选择电气产品时应注意不要选择淘汰型产品。

8.1.6 接地设计

接地设计主要是选择和确定接地类别、接地位置,以及根据对接地电阻值的要求选择自然接地体或设计人工接地体(计算确定接地体结构、材料、制作工艺和敷设要求等)。

8.1.7 防雷设计

防雷设计主要是依据施工现场地域位置和其邻近设施防雷装置设置情况确定施工现场防直击雷装置的设置位置,包括避雷针、防雷引下线、防雷接地确定。在设有专用变电室的施工现场内,除应确定设置避雷针防直击雷外,还应确定设置避雷器,以防感应雷电波侵入变电室内。

8.1.8 外电防护措施

根据施工现场各种设施在施工作业过程中与邻近外电高、低压线路间的相对位置关系确定是否搭设绝缘防护隔离屏障或遮栏。屏障或遮栏应采用有可靠机械强度的绝缘材料制作,保证在施工作业过程中不会被破坏,并能有效地与外电线路实现电气安全隔离。

8.1.9 安全用电与电气防火措施

安全用电措施包括施工现场各类作业人员相关的安全用电知识教育和培训,可靠的外电线路防护,完备的接地接零保护系统和漏电保护系统,配电装置合理的电器配置、装设和操作,以及定期检查维修和配电线路的规范化敷设等。

电气防火措施包括针对电气火灾的电气防火教育,依据负荷性质、种类大小合理选择导线和开关电器,电气设备与易燃、易爆物的安全隔离,以及配备灭火器材,建立防火制度和防火队伍等。

8.1.10 建筑施工用电工程设计施工图

施工用电工程设计施工图包括供电总平面图、变配电室布置图、立面图、供电系统图、接地装置布置图等。

编制施工现场临时用电施工组织设计的主要依据是《施工现场临时用电安全技术规范》,以及其他的相关标准、规程等。

8.2 设计实例

某办公大楼为框架结构,地下1层,地上10层,总高度为45 m,建筑面积10 000 ㎡,施工用电设备如表8-1所示,各种用电机械设备分布情况如图8-1所示,请编制本工程的临时用电组织设计。

8.2.1 工程概况

根据现场勘测及有关资料,工程概况信息如下:

(1)该工程位于××市××路××号(地理位置)。

(2)该工程为框架结构,地下1层,地上10层,总高度为45 m,建筑面积10 000 ㎡(建筑面积、层数、总高度、结构特点)。

（3）现场和周围与临电有关的构筑物、道路、水沟情况。

（4）季节风向等。

（5）甲方在工地的东北角提供一路电源进线，并提供 1 台容量为 200 kV·A 的专用变压器，电压等级为 10 kV/0.4 kV。

（6）本工地供电系统形式采用 TN-S 方式。采用电缆埋地敷设，五芯电缆从变压器送到总配电室，并分 4 路送到 4 个分配电箱，其中，3 个为固定分配电箱，1 个为流动分配电箱，布置在楼层施工面上；分配电箱到开关箱之间根据负荷的需要选择电缆。

8.2.2　负荷计算

本工地应分三个阶段（基础施工、结构施工、装修施工）作业，现按结构施工阶段为例，计算顺序如下。

1. 确定用电设备明细表，用电设备安装平面布置图

用电设备参数表见表 8-1，用电设备安装平面布置图见图 8-1。

表 8-1　　　　　　　　　　某施工现场用电设备参数表

编号	用电设备名称	型号及各项参数	换算后设备容量 P_e
1	塔吊	QTZ40，28 kW，380 V，$JC=25\%$，$\cos\varphi=0.65$	
2	施工升降机	SCD100/100，15 kW，380 V，$\cos\varphi=0.7$	
3	混凝土搅拌机 1	JZ350，5.5 kW	
4	混凝土搅拌机 2	JZ350，5.5 kW	
5	钢筋切断机 1	GJ40，7.5 kW	
6	钢筋弯曲机 2	GW40，2.8 kW	
7	弧焊机	BX3-500 单相 380 V，$JC=65\%$，32 kV·A，$\cos\varphi=0.87$	
8	弧焊机	BX3-630，单相 380 V，$JC=60\%$，50.5 kV·A，$\cos\varphi=0.87$	
9	振动器 1	Y 系列，380 V，2.2 kW	
10	振动器 2	Z2D100，1.5 kW	
11	卷扬机	JJK 1，7.5 kW	
12	照明	室外：高压灯、碘钨灯共 3.2 kW；室内：白炽灯、日光灯共 2.8 kW	

2. 计算各设备的换算容量

根据暂载率 JC 计算设备的换算容量：

1 号设备塔吊：$P_s=2\sqrt{JC}\times P_e=2\times\sqrt{0.25}\times28=28$ kW

2 号设备施工升降机：$P_s=P_e=15$ kW

3 号、4 号设备混凝土搅拌机：$P_s=P_{e1}+P_{e2}=2\times5.5=11$ kW

5 号设备钢筋切断机：$P_s=P_e=7.5$ kW

6 号设备钢筋弯曲机：$P_s=P_e=2.8$ kW

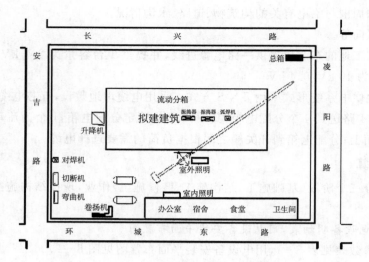

图 8-1 用电设备安装平面布置图

7 号设备弧焊机：$S_S = S_e \cdot \sqrt{JC} = 32 \times \sqrt{0.65} = 25.8 \text{ kV} \cdot \text{A}$

8 号设备弧焊机：$S_S = S_e \cdot \sqrt{JC} = 50.5 \times \sqrt{0.6} = 39.1 \text{ kV} \cdot \text{A}$

9 号设备振动器 1：$P_S = P_e = 2.2 \text{ kW}$

10 号设备振动器 2：$P_S = P_e = 1.5 \text{ kW}$

11 号设备卷扬机：$P_S = P_e = 7.5 \text{ kW}$

12 号设备照明：$P_S = P_{e1} + 1.2 P_{e2} = 3.2 + 1.2 \times 2.3 = 6.0 \text{ kW}$

由于 7 号、8 号设备为接于线电压(380 V)的单相设备,且其不对称容量大,大于三相设备总容量的 15%：

$$(25.8 + 39.1) \cdot \cos\varphi = 64.9 \times 0.87 = 56.46 \text{ kW}$$

$(28 + 15 + 11 + 7.5 + 2.8 + 2.2 + 1.5 + 7.5) \times 15\% = 11.33 \text{ kW}$,所以 2 台焊机的实际三相等效设备容量不是上述值,而应是：

$$S_{S7} = \sqrt{3} S_e = \sqrt{3} \times 25.8 = 44.68 \text{ kV} \cdot \text{A}$$

$$S_{S8} = \sqrt{3} S_e = \sqrt{3} \times 39.1 = 67.72 \text{ kV} \cdot \text{A}$$

根据上述换算结果可得表 8-2 所示结果。

表 8-2 　　　　　　　　　　　　某施工现场用电设备参数

编号	用电设备名称	型号及各项参数	换算后设备容量 P_e
1	塔机	QTZ40,28 kW,380 V,$JC = 25\%$,$\cos\varphi = 0.65$	28 kW
2	施工升降机	SCD100/100,15 kW,380 V,$\cos\varphi = 0.7$	15 kW
3	混凝土搅拌机 1	JZ350,5.5 kW,380 V	5.5 kW
4	混凝土搅拌机 2	JZ350,5.5 kW,380 V	5.5 kW

续表

编号	用电设备名称	型号及各项参数	换算后设备容量 P_e
5	钢筋切断机 1	GJ40,7.5 kW,380 V	7.5 kW
6	钢筋弯曲机 2	GW40,2.8 kW,380 V	2.8 kW
7	弧焊机	BX3 - 500,单相 380 V,JC=65%,32 kV·A,$\cos\varphi$=0.87	44.68 kV·A
8	弧焊机	BX3 - 630,单相 380 V,JC=60%,50.5 kV·A,$\cos\varphi$=0.87	67.72 kV·A
9	振动器 1	Y 系列,380 V,2.2 kW	2.2 kW
10	振动器 2	Z2D100,1.5 kW	1.5 kW
11	卷扬机	JJK1,7.5 kW	7.5 kW
12	照明	室外：高压灯、碘钨灯共 3.2 kW, 室内：白炽灯、日光灯共 2.8 kW	6.0 kW

3. 选择变压器

汇总各类设备容量,按查表 1 - 2 所得各需要系数 K_x,$\cos\varphi$ 取值在 0.65～0.75 之间,计算现场所需总容量(视在功率 kV·A),确定变压器容量。

从表 8 - 2 换算结果可得,三相电动机功率之和：

$$\sum P_1 = 28 + 15 + 2 \times 5.5 + 7.5 + 2.8 + 2.2 + 1.5 + 7.5 = 75.5 \text{ kW}$$

电焊机类功率之和：

$$\sum S_2 = 44.68 + 67.72 = 112.4 \text{ kV·A}$$

室内照明：
$$\sum P_3 = 2.8 \text{ kW}$$

室外照明：
$$\sum P_4 = 3.2 \text{ kW}$$

(1) 施工现场用电总容量(总配电箱)。

$$S_{js} = (1.05 \sim 1.1) \left[K_1 \frac{\sum P_1}{\cos\varphi} + K_2 \sum S_2 + K_3 \sum P_3 + K_4 \sum P_4 \right]$$

查表 1 - 2 得：$K_1 = 0.7$;$K_2 = 0.65$;$K_3 = 0.8$;$K_4 = 1$;$\cos\varphi = 0.65$。

$$S_{js} = 1.075 \times \left(0.7 \times \frac{75.5}{0.65} + 0.65 \times 112.4 + 0.8 \times 2.8 + 1.0 \times 3.2 \right) = 171.79 \text{ kV·A}$$

$$I_j = S_j / \sqrt{3} \times U_e = 171.79 / (\sqrt{3} \times 0.38) = 261.01 \text{ A}$$

(2) 选择变压器。

根据前面负荷计算现场总容量：

$$S_{总js} = 171.79 \text{ kV·A}$$

变压器选择：甲方应提供的容量大于 171.79 kV·A 的变压器,查表 2 - 1 得,可选用 S9－200/10 三相配电变压器。

4. 供电平面图和配电系统简图

根据临时电源的位置及用电设备分布和现场的环境条件等确定总配电箱、分配电箱和开关箱位置,并画出现场供电平面图和配电系统简图。

按照配电系统的设置原则,本工程设置1个总配电箱,4个分配电箱。其中,3个固定分配电箱,分别供电至钢筋加工区,塔机和混凝土搅拌机、施工升降机等设备集中区,室内外照明区;1个流动分配电箱,设置在楼层施工面,供电给弧焊机和振捣器等流动设备,详见图8-2和图8-3。

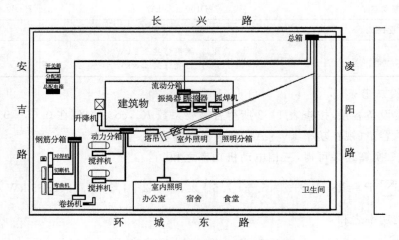

图8-2 施工现场供电平面布置图

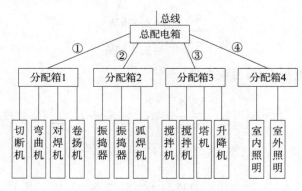

图8-3 施工现场配电系统简图

5. 配电线路计算

计算各支线负荷,因总配电箱引出的各支干线的用电设备甚少,计算各支线负荷时可按满负荷(需要系数 $K_x = 1$)计算。

(1)总配电箱至第一分配电箱 $\sum$ 总-1(①线)(切断机、弯曲机、卷扬机、对焊机)。

$$\sum P_{fl} = 7.5 + 2.8 + 7.5 = 17.8\ \text{kW}$$

$$\sum S_{fl} = 44.68\ \text{kV} \cdot \text{A}$$

$$I_{f1} = 1 \times 17.8/(\sqrt{3} \times 0.38 \times 0.7) + 1 \times 44.68/(\sqrt{3} \times 0.38) = 106.52 \text{ A}$$

（2）总配电箱至第二分配电箱 $\sum$ 总－2（②线）（振捣器 2 台、弧焊机）。

$$\sum P_{f2} = 2.2 + 1.5 = 3.7 \text{ kW}$$

$$\sum S_{f2} = 67.75 \text{ kV} \cdot \text{A}$$

$$(\cos\varphi \text{ 取 } 0.7; K_P = 1)$$

$$I_{f2} = 1 \times 3.7/(\sqrt{3} \times 0.38 \times 0.7) + 1 \times 67.75/(\sqrt{3} \times 0.38) = 110.97 \text{ A}$$

（3）总配电箱至第三分配电箱 $\sum$ 总－3（③线）。

$$\sum P_{f3} = 28 + 5.5 + 5.5 + 15 = 54 \text{ kW（塔机、两台搅拌机、升降机）}$$

$$(\cos\varphi \text{ 取 } 0.7; K_P = 1)$$

$$I_{f3} = 1 \times 54/(\sqrt{3} \times 0.38 \times 0.7) = 117.21 \text{ A}$$

（4）总配电箱至第四分配电箱 $\sum$ 总－4（④线）。

$$\sum P_4 = 3.2 + 2.8 = 6 \text{ kW（室内、室外照明）}$$

$$(K_P = 1; \cos\varphi \text{ 取 } 1)$$

$$I_{f4} = 1 \times 6/(\sqrt{3} \times 0.38 \times 1) = 9.12 \text{ A}$$

8.2.3　配电线路设计

（1）本施工现场场地不大，总线和总配电箱、各分配电箱、开关箱的导线均采用能承受较大外力和耐气候的橡套电缆（YCW）或采用 XV、VV 电缆（无铠装），即按《规范》要求埋地敷设。

（2）选择电缆的程序是，先按允许温升初选截面，使 I_j 小于电缆允许载流量，然后再校验电压降，使其按规定允许电压降算得的最小截面小于初选截面为满足要求。

（3）使用 VV－0.6/1 kV 或 YCW 铜芯电缆，芯线最高温度为 65℃，环境温度为 25℃。

1. 总线（配电屏至总箱）

采用五芯（三大二小）VV 电缆。根据 $I_j = 261.01$ A，查表 4-12 可知，VV－$3 \times 185 + 2 \times 95$ mm²（$I_{允许} = 273$ A）电缆符合要求。长度 $L = 25$ m，此段线不长，可不校验电压降。

2. 总配电箱至第一分配电箱 $\sum$ 总－1 段（①线长度 $L = 85$ m）

采用四芯（三大一小，因无须 N 线）VV 电缆。根据 $I_{f1} = 106.52$ A，查表 4-12 可知，VV－$3 \times 35 + 1 \times 16$（电缆载流量 $I_{允许} = 109$ A），基本符合要求。

按允许电压降校核（允许电压降取 5%，下同），$\cos\varphi = 0.87$。

$$S_{fn} = (\sum P_{fn} + \sum S_{fn} \times \cos\varphi) \times L/(100 \times C \times \varepsilon) < S_{初}$$

$$S_{f1} = (17.8 + 44.68 \times 0.87) \times 85/(100 \times 77 \times 0.05) = 12.51 \text{ mm}^2 < 35 \text{ mm}^2$$

3. 总配电箱至第二分配电箱 $\sum$ 总-2 段(②线长度 $L=85$ m)

第二分配电箱为施工面上的流动电箱,根据《规范》要求,应采用通用橡皮软电缆。

采用四芯(三大一小,因无须 N 线)YCW 电缆。根据 $I_{f2}=110.97$ A 查表 4-11 可知,YCW-$3\times25+1\times16$(电缆载流量 $I_{允许}=115$ A),符合要求。

按允许电压降校验:

$$S_{f2}=(3.7+44.68\times0.87)\times85/(100\times77\times0.05)=9.4\ \text{mm}^2<25\ \text{mm}^2$$

允许。

4. 总配电箱至第三分配电箱 $\sum$ 总-3 段(③线长度 $L=130$ m)

采用五芯(三大二小)VV 电缆。根据 $I_{f3}=117.21$ A 查表 4-12 可知,VV-$3\times50+2\times25$(电缆载流量 $I_{允许}=130$ A),符合要求。

按允许电压降校验:

$$S_{f3}=54\times130/(100\times77\times0.05)=18.23\ \text{mm}^2<50\ \text{mm}^2$$

允许。

5. 总配电箱至第四分配电箱 $\sum$ 总-4 段(④线长度 $L=150$ m)

采用五芯(三大二小)VV 电缆。根据 $I_{f4}=9.12$ A 查表 4-12 可知,VV-$3\times4+2\times4$(电缆载流量 $I_{允许}=27$ A),符合要求。

按允许电压降校验:

$$S_{f4}=6\times150/(100\times77\times0.05)=2.34\ \text{mm}^2<4\ \text{mm}^2$$

允许。

配电线路电缆选择情况:

(1) 总线。采用 VV$3\times185+2\times95$ 五芯聚氯乙烯绝缘护套电缆。

(2) 总配电箱至第一分配电箱。采用 VV$3\times35+1\times16$ 四芯聚氯乙烯绝缘护套电缆。

(3) 总配电箱至第二分配电箱。采用 YCW$3\times25+1\times16$ 四芯通用橡皮软电缆。

(4) 总配电箱至第三分配电箱。采用 VV$3\times50+2\times25$ 五芯聚氯乙烯绝缘护套电缆。

(5) 总配电箱至第四分配电箱。采用 VV$3\times4+2\times4$ 五芯聚氯乙烯绝缘护套电缆。

8.2.4 配电装置设计

1. 配电装置设计方案概述

本工程进户线和变压器由供电部门安装到位,现场不考虑变电所及发电设备。施工现场电箱内配置的开关均为新型、断开时有可见分断点,并具有隔离、过载、短路保护功能的 DZ20T 透明盖的断路器。开关箱内也选用最新、断开时有可见分断点,并具有隔离、过载、短路保护功能的透明盖漏电保护器。这样既简化了配置,缩小了体积,又可降低造价。

2. 总配电箱内开关电器的选择与接线

1) 总隔离开关

根据 $I_j=261.01$ A,应选额定电流 400 A(详见 5.5 节中的"配电箱、开关箱中常用的开关电器"),断开时有可见分断点,并具有隔离、过载、短路保护功能的 DZ20Y-400T 透明盖的断路器。

2）总配电箱中的总路漏电开关 RCD 的选择

总箱内设置一个总 RCD(DZ20L－400)，4 极 400 A，额定漏电动作电流为 150 mA，动作时间为 0.2 s，如图 8－4 所示。

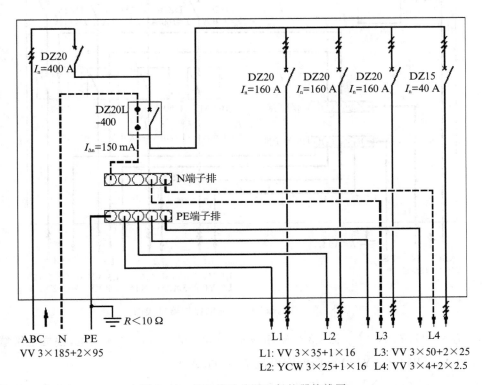

图 8－4　总电箱设总漏电保护器接线图

3）总配电箱中的分路漏电开关 RCD 的选择

若总路大容量总漏电开关购置有困难或希望进行分路漏电控制时，可采用四个分路 RCD，详见图 8－5，其中：

RCD1：DZ20L－250，3 极，额定电流 160 A，I_{el}＝100 mA，动作时间 0.2 s；

RCD2：DZ20L－160，3 极，额定电流 160 A，I_{el}＝100 mA，动作时间 0.2 s；

RCD3：DZ20L－160，4 极，额定电流 160 A，I_{el}＝100 mA，动作时间 0.2 s；

RCD4：DZ20L－160，4 极，额定电流 32 A，I_{el}＝100 mA，动作时间 0.2 s。

4）总配电箱中各路干线开关

总配电箱中各路干线开关均选用断开时有可见分断点，并具有隔离、过载、短路保护功能的 DZ20T 透明盖的断路器。

(1) I_{f1}＝106.52 A，$\sum$ 总－1 分箱用 VV 3×35＋1×16 的电缆，载流量 $I_{允许}$＝109 A，根据电缆载流量选用 DZ20Y－200T，选额定电流 I_n＝160 A。

(2) I_{f2}＝110.97 A，$\sum$ 总－2 分箱用 YCW 3×25＋1×16 的电缆供电，载流量 $I_{允许}$＝115 A 的电缆供电。根据电缆载流量，选择 DZ20Y－200T，额定电流 I_n＝160 A。

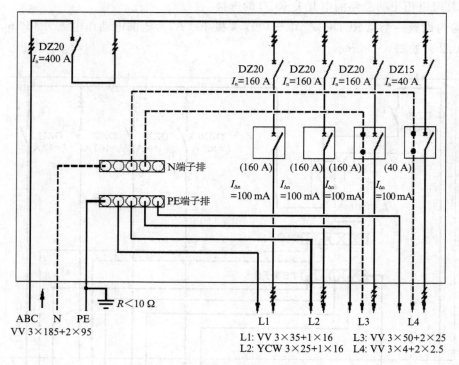

图 8-5 总电箱设分路漏电保护器接线图

(3) $I_{f3}=117.21$ A，$\sum$ 总 -3 分箱用 VV $3\times50+2\times25$ 的电缆供电，根据电缆载流量 $I_{允许}=130$ A，采用 DZ20Y-200T，额定电流 $I_n=160$ A。

(4) $I_{f4}=9.12$ A，$\sum$ 总 -4 分箱用 VV $3\times4+2\times4$ 的电缆供电，根据电缆载流量 $I_{允许}=27$ A，采用 DZ20Y-100T，额定电流 $I_n=32$ A。

3. 分配电箱的开关电器选择与接线

1）1号分配电箱

1号分配电箱内所安装的供电设备和容量及额定电流分别如下($\cos\varphi$ 取 0.7)：

切断机：7.5 kW；$I_{fl.1}=\dfrac{7.5}{\sqrt{3}\times0.38\times\cos\varphi}=\dfrac{7.5}{\sqrt{3}\times0.38\times0.7}=16.28$ A

弯曲机：2.8 kW；$I_{fl.2}=\dfrac{2.8}{\sqrt{3}\times0.38\times0.7}=6.07$ A

卷扬机：7.5 kW；$I_{fl.3}=\dfrac{7.5}{\sqrt{3}\times0.38\times0.7}=16.27$ A

对焊机：67.72 kV·A；$I_{fl.4}=\dfrac{67.72}{\sqrt{3}\times0.38}=102.92$ A

(1) 根据额定电流，查表 4-12 得分配电箱 1 至各开关箱电缆(因分配电箱至开关箱距离根据规范要求不超过 30 m，长度较短，所以不必校核电压降)为：

至切断机开关箱电缆：VV$-0.6/1-3\times4+1\times4$($I_{允许}=27$ A)

至弯曲机开关箱电缆：VV$-0.6/1-3\times4+1\times4$($I_{允许}=27$ A)

至卷扬机开关箱电缆：$VV-0.6/1-3\times4+1\times4(I_{允许}=27\ A)$

至对焊机开关箱电缆：$VV-0.6/1-3\times35+1\times16(I_{允许}=109\ A)$

（2）隔离开关。分配电箱中总隔离开关同总箱分路 1 隔离开关，为 DZ20Y-200T，断开时有可见分断点，并具有隔离、过载、短路保护功能的透明盖的断路器，额定电流 $I_n=160\ A$。

根据电缆载流量选各分路隔离开关同样为上述透明盖的断路器，各分路隔离开关分别为：

切断机回路、弯曲机回路、卷扬机回路均为 DZ20Y-100T，额定电流均为 $I_n=32\ A$。

对焊机回路为 DZ20Y-200T，额定电流 $I_n=160\ A$。

（3）接线图如图 8-6 所示。

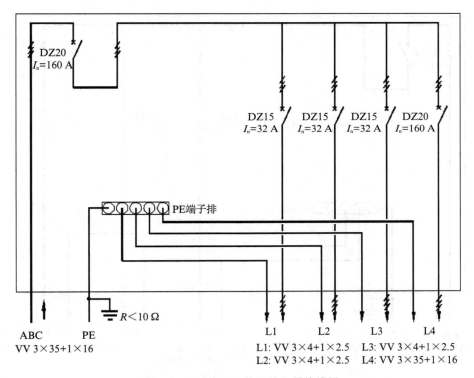

图 8-6　1 号分配电箱开关电器接线图

2）2 号分配电箱

2 号分配电箱内所安装的供电设备和容量及额定电流分别为（未注明 $\cos\varphi$ 取 0.7）：

① 弧焊机：44.68 kV·A；$I_{f2.1}=\dfrac{44.68}{\sqrt{3}\times0.38}=67.90\ A$

② 振动器 1：2.2 kW；$I_{f2.2}=\dfrac{2.2}{\sqrt{3}\times0.7\times0.38}=4.77\ A$

振动器 2：1.8 kW；$I_{f2.3}=\dfrac{1.8}{\sqrt{3}\times0.7\times0.38}=3.9\ A$

（1）根据额定电流，查表 4-11 得分配电箱 2 至各开关箱电缆，因该部分电箱均为流动电箱，故须采用通用橡皮软电缆。

至弧焊机开关箱电缆：YCW－0.6/1 kV－3×16＋1×10($I_{允许}$＝84 A)

至振动器开关箱 1 和 2 电缆：YCW－0.6/1kV－3×2.5＋1×2.5($I_{允许}$＝26 A)

（2）隔离开关。分配电箱中总隔离开关和总箱分路 2 隔离开关相同，为 DZ20－200T，断开时有可见分断点，并具有隔离、过载、短路保护功能的透明盖的断路器，额定电流 I_n＝160 A。

根据电缆载流量选电焊机回路 DZ20－200T，额定电流 I_n＝100 A。

振动器分路隔离开关同样为上述透明盖的断路器，DZ15－40T 各 1 个，额定电流 I_n＝32 A。

（3）接线图如图 8－7 所示。

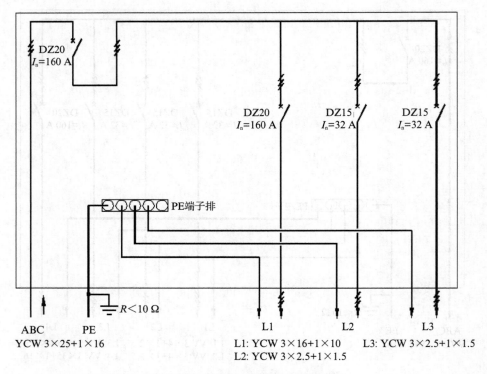

图 8－7 2 号分配电箱开关电器接线图

3）3 号分配电箱

3 号分配电箱内所安装的供电设备和容量及额定电流分别如下（未注明 cosφ 取 0.7）：

搅拌机 1,2：5.5 kW；$I_{f3.1}＝\dfrac{5.5}{\sqrt{3}×0.38×0.7}＝11.93$ A

塔机：28 kW；$I_{f3.3}＝\dfrac{28}{\sqrt{3}×0.38×0.65}＝65.45$ A

施工升降机：15 kW；$I_{f3.4}＝\dfrac{15}{\sqrt{3}×0.38×0.7}＝32.54$ A

（1）根据额定电流，查表 4－12 得分配电箱 3 至各开关箱电缆。

至搅拌机开关箱电缆：VV－0.6/1－3×4＋1×4($I_{允许}$＝27 A)

至塔机开关箱电缆：$VV-0.6/1-3\times25+2\times16(I_{允许}=91\ A)$

至升降机开关箱电缆：$VV-0.6/1-3\times6+2\times6(I_{允许}=34\ A)$

（2）隔离开关。分配电箱中总隔离开关和总箱分路 3 隔离开关同，为 DZ20-200T，断开时有可见分断点，并具有隔离、过载、短路保护功能的透明盖的断路器，额定电流 $I_n=160\ A$。

根据电缆载流量选塔机回路 DZ15-100T，额定电流 $I_n=100\ A$。

搅拌机分路隔离开关同样为上述透明盖的断路器，DZ15-40T 各一个，额定电流为 $I_n=32\ A$。

根据电缆载流量选升降机回路 DZ15-40T，额定电流 $I_n=40\ A$。

（3）接线图如图 8-8 所示。

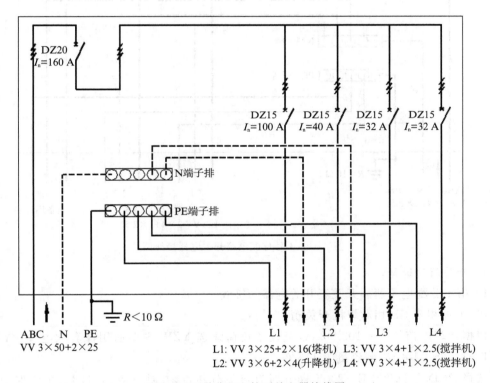

图 8-8　3 号分配电箱开关电器接线图

4）4 号分配电箱

4 号分配电箱内所安装的供电设备和容量及额定电流分别如下：

① 室内照明：2.8 kW；$I_{f4.1}=\dfrac{2.8}{0.22}=12.73\ A$

② 室外照明：3.2 kW；$I_{f4.2}=\dfrac{3.2}{0.22}=14.55\ A$

（1）根据额定电流，查表 4-12 得分配电箱 2 至各开关箱电缆。

至室内照明开关箱电缆：$VV-0.6/1-2\times4+1\times4(I_{允许}=27\ A)$

至室外照明开关箱电缆：$VV-0.6/1-2\times4+1\times4(I_{允许}=27\ A)$

（2）隔离开关。分配电箱中总隔离开关和总箱分路 4 隔离开关相同，为 DZ20－200T，断开时有可见分断点，并具有隔离、过载、短路保护功能的透明盖的断路器，额定电流 I_n＝40 A。

分路隔离开关同样为上述透明盖的断路器，DZ15－40T 各 1 个，额定电流 I_n＝32 A。

（3）接线图如图 8－9 所示。

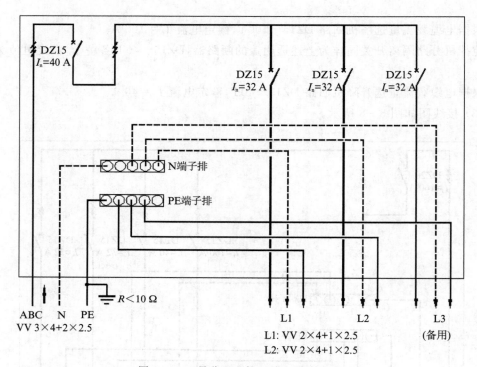

图 8－9 4 号分配电箱开关电器接线图

4．开关箱的选择

1）第 1 分配电箱所属开关箱开关电器与接线

（1）CA 相或 CB 相对焊机开关箱

根据计算电流 $I_{fl.4}$＝102.92 A，至设备负荷线选 YZW 中型通用橡套软电缆：YZW－0.6/1－3×25＋1×16，载流量为 115 A。

选择 RCD 为 DZ20LE－200T 断开时有可见分断点，并具有隔离、过载、短路保护功能的透明盖的漏电断路器，额定电流 I_n＝125 A，额定动作电流 $I_{\Delta n}$＝30 mA，动作时间 0.1 s，见图 8－10。

（2）切断机开关箱

计算电流 $I_{fl.1}$＝16.28 A，负荷线 VV－0.6/1－3×2.5＋1×2.5，载流量 I_n＝26 A。

RCD 选 DZLE－100T 断开时有可见分断点，并具有隔离、过载、短路保护功能的透明盖的漏电断路器，额定电流 I_n＝32 A，额定动作电流 I_{el}＝30 mA，动作时间 0.1 s，见图 8－11。

（3）弯曲机开关箱

计算电流 $I_{fl.2}$＝6.07 A，负荷线 VV－0.6/1－3×2.5＋1×2.5，载流量为 26 A。

RCD 选 DZLE－100T 断开时有可见分断点，并具有隔离、过载、短路保护功能的透明盖

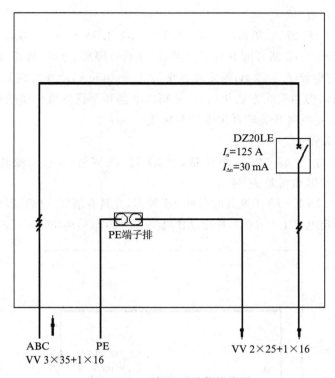

图 8 - 10 对焊机开关箱接线图

的漏电断路器,额定电流为 $I_n = 32$ A,额定动作电流 $I_{el} = 30$ mA,动作时间 0.1 s,见图 8 - 11。

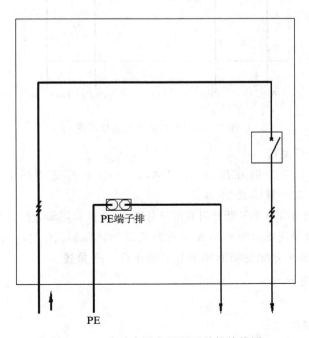

图 8 - 11 小功率设备通用开关箱接线图

（4）卷扬机开关箱

计算电流 $I_{f1.3}=16.27$ A，负荷线 VV-0.6/1-3×2.5+1×2.5，载流量为 26 A。

RCD 选 DZLE-100T 断开时有可见分断点，并具有隔离、过载、短路保护功能的透明盖的漏电断路器，额定电流 $I_n=32$ A，额定动作电流 $I_{el}=30$ mA，动作时间 0.1 s，见图 8-11。

上述开关箱的结构和接线方式相同，只是箱内电器和至设备负荷线的规格不同。

2）第 2 分配电箱所属开关箱开关电器与接线

（1）弧焊机开关箱

根据计算电流 $I_{f2.1}=67.09$ A，至设备负荷线选 YCW 中型通用橡套软电缆：YCW-0.6/1-3×16+1×10，载流量为 84 A。

选择 RCD 为 DZ20LE-200T 断开时有可见分断点，并具有隔离、过载、短路保护功能的透明盖的漏电断路器，额定电流 $I_n=100$ A，额定动作电流 $I_{el}=30$ mA，动作时间 0.1 s，见图 8-12。

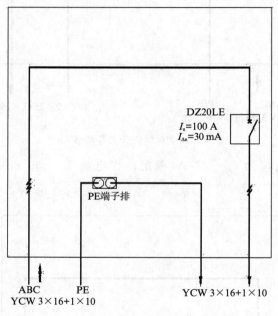

图 8-12　弧焊机开关箱接线图

（2）振捣器 1,2 开关箱

振捣器 1,2 计算电流分别为 $I_{f2.2}=4.77$ A，$I_{f2.3}=3.9$ A，至设备电源电缆同为 YCW-0.6/1-3×2.5+1×2.5，载流量 26 A。

根据载流量选 DZ15LE-40T 断开时有可见分断点，并具有隔离、过载、短路保护功能的透明盖的漏电断路器，RCD 额定电流 $I_n=25$ A，动作电流 $I_{el}=15$ mA，动作时间 0.1 s，见图 8-13。

第 3 分配电箱、第 4 分配电箱所属的开关箱不再一一赘述。

8.2.5　防雷与接地设计

1. 防雷设计

1）防直击雷的措施

本工程防直击雷的措施主要针对塔吊，由于本工程施工现场最高的设备为塔吊，且现场

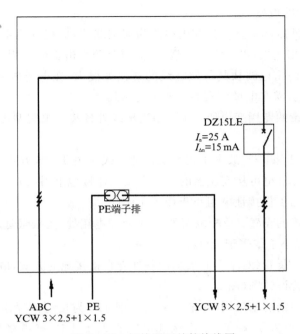

图 8 - 13　振捣器开关箱接线图

均在塔吊的保护范围内,故本工程的其他设施无须另设避雷针。

塔吊防雷接地体采用钢筋基础网,接地线采用圆钢 $\phi12$ 与接地体焊接(图 8 - 14),接地线与塔吊钢体至少保持两处连接;引下线利用塔吊本身的金属结构体。

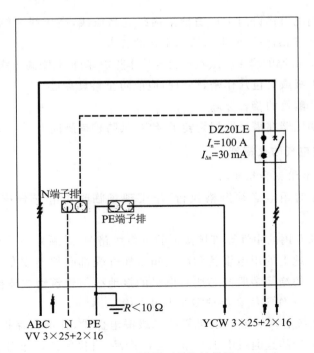

图 8 - 14　塔吊开关箱接线图

2) 防感应雷装置的设置

（1）施工现场设低压配电室。如配电线路为架空线路，应将其架空进、出线处绝缘子铁脚与配电室接地装置相连接，以防雷电波侵入，亦兼有防直击雷的作用。如配电线路为埋地电缆，且线路较短，为防雷电波从其与架空线的连接处侵入，在电缆两端来回反射叠加成过电压波，并进入配电室，需在电缆两端装设阀型避雷器。

（2）施工现场所设的专用变电所：在三相进出线处各装一组阀型避雷器。

2. 接地设计

（1）本工程有专用变压器，故本工程系统接地方式采用 TN-S 方式，PE 线从总配电箱电源进线处的 N 线上引出（也可从变压器的中性点或工作接地上引出）。

（2）电源变压器的工作接地电阻小于或等于 4 Ω。

（3）重复接地装置的设置：总配电箱处、4 个分配电箱处、支线最远端开关箱处的 PE 线上设置重复接地，电阻小于或等于 10 Ω。

（4）设计保护接地装置（对于 TT 系统设备外壳直接接地的方式，电阻 4 Ω）。

（5）画出接地装置设计图（图 8-15）。

说明：接地体采用钢筋基础网，接地线采用圆钢 φ12 与接地体焊接。接地装置做好后，经测试重复接地电阻不大于 10 Ω，工作接地电阻不大于 4 Ω，避雷接地不大于 30 Ω 方可使用。

8.2.6 外电防护措施

本工程外电线路为 10 kV，与脚手架的外侧边缘 6.5 m，且在塔吊臂架旋转半径内，为此，应采取以下措施：

（1）本工程采用毛竹搭设门字形防护架横跨过高压线，高压线两侧立杆距高压线的水平距离大于或等于 1.7 m，搭设要求参照脚手架的要求。

（2）顶上采用 5 cm 厚的脚手板或双层竹笆片作防护，防护棚距高压线大于或等于 1.7 m。

（3）两侧采用木板或竹笆片作密封处理，应能防止料具穿过。

（4）架体上悬挂醒目的警告标志。

（5）本工地的变压器在塔吊臂架旋转半径内，其防护措施同上。

8.2.7 安全用电与电气防火措施

1. 安全用电技术措施和组织措施

（1）施工现场临时用电必须严格执行《施工现场临时用电安全技术规范》(JGJ 46—2005)。

（2）在施工现场专用的中性点直接接地的电力线路中，必须采用 TN-S 接零保护系统（即三相五线制）。工地上的用电设备和配电箱金属外壳都必须连接专用的保护零线（应用大于或等于 2.5 mm² 的绝缘多股同芯线），塔吊的接地线与建筑物主体接地用焊接相连，接地电阻不得大于 4 Ω，工作零线和保护零线不可混用。

（3）施工用电系统必须保证灵敏可靠的二级漏电保护，杜绝漏保护。漏电保护器必须选用省级审批许可生产的且通过电工产品认证的产品，直接保护宜选用电磁式漏电保护器。

（4）在建工程不得在高、低压线路下方施工。高、低压线路下方不得搭设作业棚，建造

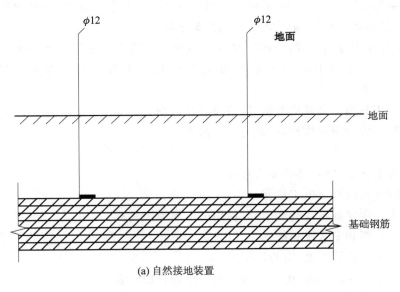

(a) 自然接地装置

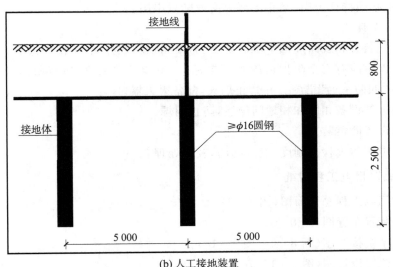

(b) 人工接地装置

图 8-15　防雷与接地设计(单位:mm)

生活设施或堆放构件、器具、材料及其他杂物等。高压线路与脚手架外侧边缘距离至少大于
6 m。

　　(5) 配电设置采用三级配电系统:总配电箱→分配电箱→单机开关箱。线路分施工动
力、施工照明、生活照明三大系。分配电箱与开关箱距离不得超过 30 m,开关箱与用电设备
距离在 3 m 以内。

　　(6) 配电箱、开关箱的设置严格按照《规范》要求,进出电线要整齐并从箱体底部进入,
不得使用绝缘差、老化、破皮电线。移动式配电箱和开关箱进出线必须使用橡皮护套绝缘
电缆。

　　(7) 配电箱一律使用统一制作的标准配电箱,并有统一编号,应作名称、用途、分路标

记。箱内连接线必须采用铜芯绝缘导线,导线颜色标志应按要求配制,并排列整齐。

(8)开关箱必须"一机一闸一保护",箱内无杂物。

(9)照明与动力分箱设置,单相回路内的照明开关箱必须装漏电保护器;手持照明灯、危险场所应用 36 V 安全电压,特别场所(如地下室)用 12 V 安全电压;现场照明一律采用橡皮绝缘电缆。

(10)严禁用其他金属丝代替熔丝,熔丝安装合理。

(11)电气装置应定期检修,检修时必须做到:

① 停电;

② 悬挂停电标志牌,挂接必要的接地线;

③ 由相应级别的专业电工检修;

④ 检修人员应穿戴绝缘鞋和手套,使用电工绝缘工具;

⑤ 有统一组织和专人统一指挥。

(12)建立安全检测制度,有检测记录。

(13)建立电气维修制度,电工要做好电气维修管理台账。

(14)电工必须持证上岗,禁止无证上岗或随意串岗。

2.电气防火措施

(1)在电气装置和线路周围不堆放易燃、易爆和强腐蚀介质;不使用火源。

(2)变配电室应有安全防护措施和警告标志,不能堆放杂物,应有防雨、防潮、防火、防暴和道路通等"四防一通"措施。并禁止烟火,配备灭火器。

(3)加强电气设备相间和相地间绝缘,防止闪烁。

(4)合理设置防雷装置。

(5)建立电气防火检查制度,发现问题,及时处理。

8.2.8 绘制临时用电工程图纸

(1)临时用电工程总平面图(图 8-2)。

(2)配电装置布置图(图 8-3)。

(3)配电系统接线图(图 8-4—图 8-14)。

(4)接地装置设计图(图 8-15)。

第9章 施工临时用电组织设计模板

为了使编制的《施工临时用电组织设计》科学合理,既符合规范要求,又简明扼要,通俗易懂,易于实施,切实起到指导电气施工人员安全用电、科学用电的作用,而不是作为应付上级部门检查的摆设,作者根据多年的实践经验,把一些共性的设计内容(包括规范、规定)、格式及计算公式编制了一个模板,把不同现场的特性内容留出空白,用填充的方式填写和计算,同时,对配电线路的设计计算进行了简化,以方便施工技术人员编制《临时用电施工组织设计》,节省查阅相关资料、公式和编制的时间。这样,既节省了编制时间,又减少了错误,特别适合初次编写方案的施工技术人员。

9.1 施工临时用电组织设计模板

工程名称:

建设单位:

设计单位:

监理单位:

施工现场临时用电组织设计

主要编制人: _____   职称(职务): _____

校 核 人 员: _____   职称(职务): _____

审 核 人 员(总师室): _____   职称(职务): _____

审批人(公司技术负责人): _____

编制单位:

编制日期: 年   月   日

表 9－1		临时用电组织设计审批表		
工程名称				
编制单位				
工程规模	m²		工程等级	
方案名称	临时施工用电专项方案		主要编制人	

校核意见栏	校核人： 日　期： （项目技术部门章）
审核意见栏	审核人： 日　期： （企业技术部门章）
审批意见栏	审批人： 日　期： （企业公章）

根据 JGJ 46—2005《施工现场临时用电安全技术规范》的要求,特编制本工程临时用电施工组织设计。

一、设计依据

主要依据现行的规程规范及资料:

(1) JGJ 46—2005《施工现场临时用电安全技术规范》;

(2) GB 50194—2014《建设工程施工现场供用电安全规范》;

(3) GB 50052—2009《供配电系统设计规范》;

(4) GB 50054—2011《低压配电设计规范》;

(5) GB 50055—2011《通用用电设备配电设计规范》;

(6) GB 50057—2010《建筑物防雷设计规范》;

(7) 甲方提供的现场电源资料;

(8) 现场临时用电设备负荷和配置资料。

遵守下列现行国家标准、规范或规程规定:

(1) JGJ 59—2011《建筑施工安全检查标准》;

(2) JGJ 33—2012《建筑机械使用安全技术规程》;

(3) GB 5144—2006《建筑塔式起重机安全规程》;

(4) JG/T 100—99《塔式起重机操作使用规程》;

(5) JGJ 88—2010《龙门架及井架物料提升机安全技术规范》;

(6) GB 10055—2007《施工升降机安全规程》;

(7) GB 26557—2011《吊笼有垂直导向的人货两用施工升降机》;

(8) GB/T 3805—2008《特低电压(ELV)限值》;

(9) GB 14050—2008《系统接地的形式及安全技术要求》;

(10) GB/T 3787—2006《手持式电动工具的管理、使用、检查和维修安全技术规程》;

(11) GB 13955—2005《漏电保护器安装和运行》。

二、工程概况(表9-2)

表9-2　　　　　　　　　　工程概况表

工程名称			工程地点		
建筑面积 /m²		建筑高度 /m		开工日期	

现场勘测情况(现场的地形、地貌,拟建工程的位置,建筑材料、器具堆放位置,生产、生活暂设建筑物位置,用电设备装设位置,现场周围环境,建筑物、地下管线、高压线路、电源位置、变压器位置等)。

三、负荷计算(分打桩、结构施工、装修三个阶段计算)

1. 供电设备总容量计算公式

$$S_{kV \cdot A} = (1.05 \sim 1.10)\left[K_1 \frac{\sum P_1}{\cos\varphi} + K_2 \sum S_2 + K_3 \sum P_3 + K_4 \sum P_4\right]$$

式中　$S_{kV \cdot A}$——全工地供电设备总需要量(kV·A);

　　　　$\sum P_1$——全工地电动机类额定功率之和(kW);

　　　　$\sum S_2$——全工地电焊机类额定容量之和(kV·A);

　　　　$\sum P_3$——全工地室内照明容量(kW);

　　　　$\sum P_4$——全工地室外照明容量(kW);

　　　　$\cos\varphi$——电动机的平均功率因数(一般取值在 0.65~0.75 间);

　　　　K_1,K_2,K_3,K_4——需要系数,参见表 9-3。

表 9-3　　　　　　　　　　　需要系数(K_x 值)、暂载率 JC 及 $\cos\varphi$

用电设备	数量	需要系数		暂载率 JC	$\cos\varphi$	备注
		K_x	数值			
一般电动机	1~2 台	K_1	1		0.68	为使计算结果接近实际,各需要系数 K_x 应根据不同工作性质分类选取
	3~10 台		0.7			
	11~30 台		0.6		0.65	
	30 台以上		0.5		0.6	
加工厂动力设备						
电焊机	1 台	K_2	1	BX300:0.65;BX500:0.65;对焊机 UN-100:0.2	交流:0.45~0.47;直流:0.89	
	2 台		0.65			
	3~10 台		0.6		交流:0.4;直流:0.87	
	10 台以上		0.5			
室内照明		K_3	0.8		1	
室外照明		K_4	1		1	

2. 设备容量 P_e 的换算方法

(1) 长期工作制电机得设备容量(P_e)等于铭牌额定功率(P_e'),即 $P_e = P_e'$。

(2) 反复短时工作制电机(如吊车)的设备容量(P_e)是统一换算到暂载率 $JC = 25\%$ 时的额定功率,即 $P_e = 2P_e'\sqrt{JC}$。

(3) 电焊机及电焊装置的设备容量(P_e)是指统一换算到暂载率 $JC = 100\%$(或用 $JC100$ 表示)时的额定功率。按下式换算: $S_e = S_e'\sqrt{JC}$,直流 $P_e = P_e'\sqrt{JC}$。

（4）不对称负荷的设备容量换算 P_e：当单项用电设备的不对称总容量大于三相用电设备总容量的 15% 时，设备换算容量 P_e（或 S_e）应按下式计算：对接于相电压的单项用设备 P_e（或 S_e）$=3P_e'$（或 S_e'）；对接于线电压的单项用电设备 P_e（或 S_e）$=\sqrt{3}P_e'$（或 S_e'）。

3. 打桩阶段负荷计算

1）用电设备明细表

（1）电动机类设备（表 9-4）

表 9-4 电动机类设备

序号	用电设备名称	型号	单位	数量	单机功率 P_e'/kW	合计功率 /kW	换算后设备容量 P_e
$\sum P_1$（换算后设备容量之和）= kW							

（2）电焊机类设备（表 9-5）

表 9-5　　　　　　　　　　　　　　　　　　　电焊机类设备

序号	用电设备名称	型号	单位	数量	单机功率 $S_e'/\mathrm{kV \cdot A}$	合计功率 $/\mathrm{kV \cdot A}$	换算后设备容量 S_e

$\sum S_2$（换算后设备容量之和）＝　　　　kV・A

（3）室内照明用电容量 $\sum P_3 =$ 　　　　kW

（4）室外照明用电容量 $\sum P_4 =$ 　　　　kW

2）施工现场总用电量（kV・A）

$$S_{\mathrm{kV \cdot A}} = (1.05 \sim 1.10)\left[K_1 \frac{\sum P_1}{\cos\varphi} + K_2 \sum S_2 + K_3 \sum P_3 + K_4 \sum P_4\right]$$

3）配电变压器选择

4）打桩阶段配电线路设计

根据现场的实际需要，为简化各阶段线路计算，本模板仅设计计算总配电箱至各分配电箱的线路，分配电箱至各开关箱的线路，因长度不超过 30 m，配置可参照设备的电源线规格。

（1）确定变压器的位置：现场设置＿＿＿＿＿＿台容量为＿＿＿＿＿＿kV・A，变比为 10/0.4 kV 的变压器，位于施工现场＿＿＿＿＿＿＿侧。

（2）该工程低压供电系统采用 TN-S 三相五线制接零保护系统，打桩阶段低压供电方式为＿＿＿＿＿＿＿式（树干式、放射式），直接由现场变配电室或总配电箱引出，送至各分配电箱。

（3）现场共设置＿＿＿＿＿＿＿个固定安装的分配电箱和＿＿＿＿＿＿＿个流动分配电箱，各分配电箱的供电设备名称、功率、合计功率分别是：

（4）现场共设置_____条支线（供给分配电箱），采用_____架空线或电缆，敷设方法为土壤直埋法，线路走向分别为：

5）支线架设技术要求

（1）架空线必须采用绝缘铜线或绝缘铝线。

（2）支线应沿墙或电杆架空敷设，并用绝缘子固定，电线严禁架设在脚手架、树等处，宜采用水泥电杆。若用木质电杆，其材质必须符合要求，稍径应不小于 140 mm。电杆埋设深度应符合要求，对于可能出现失稳的电杆，采取必要的加固措施，不准使用竹制电杆。

（3）架空线路的档径不得大于 35 m，线间距离不得小于 0.3 m，导线相序排列是：面向负荷从左侧起为 L1，N，L2，L3，PE（相应绝缘线颜色为黄、淡蓝、绿、红、黄绿），横担的设置必须符合 JGJ 46－2005《施工现场临时用电安全技术规范》上的要求。

6）电缆敷设技术要求

（1）电缆必须包含淡蓝、黄绿两种颜色绝缘芯线，分别用作 N 线及 PE 线，严禁混用。

（2）电缆线路应采用埋地或架空敷设，严禁沿地面明设，并应避免机械损伤和介质腐蚀。埋地电缆路径应设方位标志。

（3）架空电缆严禁沿脚手架、树木和其他设施敷设，严禁穿越脚手架进入在建工程。

（4）其余均须符合 JGJ 46－2005《施工现场临时用电安全技术规范》要求。

7）配电导线截面选择（总线及至各分箱支线）

（1）按机械强度选择

根据 JGJ 46－2005《施工现场临时用电安全技术规范》第 7.1.3 条规定：绝缘铝线截面不小于 16 mm²，绝缘铜线截面不小于 10 mm²。

电缆由于机械强度较好，因此可不作校核。

（2）按导线的允许电流选择

① 总线（电源至总配电箱）

总用电量（kV・A）　　$S_{kV・A}=$

总线计算电流（A）　　$I_{总线}=S_{kV・A}/(\sqrt{3}\times U_{线})=$

（$U_{线}=0.38$ kV）

② 分线（总配电箱至各分箱）

分线负荷：

$\sum P_{fn}$——各支路上电动机类功率总和（kW）（按用电设备明细表及配电系统图计算）；

$\sum S_{fn}$——各支路上电焊机类容量总和（kV・A）（按用电设备明细表及配电系统图计算）。

③ 分线计算电流（A）

$$I_n = K_P \sum P_n/(\sqrt{3} \times U_线 \times \cos\varphi) + K_S \sum S_n/(\sqrt{3} \times U_线)$$

式中　K_P, K_S——需要系数，取 0.9～1.0；

　　　$\cos\varphi$——功率因数，在 0.7～0.75 范围取值；

　　　$U_线 = 0.38$ kV。

$$I_照明 = \frac{\sum P_照}{U_相}$$

（用于单相输入包括办公设备，$U_相 = 0.22$ kV，$P_照$ 为包括办公设备的照明设备功率，单位 kW）

此公式仅用于 $I_照明 < 30$ A 的情况，否则三相电流不平衡；当电流 $I_照明 > 30$ A 时，宜采用以下公式：

$$I_照明 = \frac{\sum P_照}{\sqrt{3} \times U_线}$$

④ 初选总线，支线的导线型号、名称、规格，允许电流（根据附录 B 相关附表查得）

（3）按允许电压降选择

L——送电线路距离（m）；

ε——允许的相对电压降，取 $\varepsilon = 5\%$；

C——系数，380/220 V 三相五线制供电中，铝线 $C = 46.3$，铜线 $C = 77$；

S——导线截面面积（mm²）；

$\sum P_{fn}$——各支路上电动机类功率总和；

$\sum S_{fn}$——各支路上电焊机类功率总和；

$\cos\varphi$——取 0.7～0.75；

$S_总 = S_{kV \cdot A} \times L/(100 \times C \times \varepsilon) =$

$S_{fn} = (\sum P_{fn} + \sum S_{fn} \times \cos\varphi) \times L/(100 \times C \times \varepsilon)$

$S_{f1} =$

若上述三项有一项不符合，则重选；若上述三项均符合，则确定总线、支线的导线型号、名称、规格为：

4. 结构施工阶段负荷计算

1) 结构施工阶段(用电设备明细表)

(1) 电动机类设备(表9-6)

表9-6　　　　　　　　　　　　　电动机类设备

序号	用电设备名称	型号	单位	数量	单机功率 P_e'/kW	合计功率 /kW	换算后设备容量 P_e

$\sum P_1$(换算后设备容量之和)=　　　　kW

（2）电焊机类设备（表 9 - 7）

表 9 - 7　　　　　　　　　　　　　　电焊机类设备

序号	用电设备名称	型号	单位	数量	单机功率 S_e'/kV·A	合计功率 /kV·A	换算后设备容量 S_e

$\sum S_2$（换算后设备容量之和）＝　　　　kV·A

（3）室内照明用电容量　$\sum P_3 =$　　　　kW

（4）室外照明用电容量　$\sum P_4 =$　　　　kW

2）施工现场总用电量（kV·A）

$$S_{kV·A} = (1.05 \sim 1.10)\left[K_1 \frac{\sum P_1}{\cos\varphi} + K_2 \sum S_2 + K_3 \sum P_3 + K_4 \sum P_4 \right]$$

3）配电变压器选择

4）结构施工阶段配电线路设计

（1）确定变压器的位置：现场设置_____台容量为_____kV·A，变比为 10/0.4 kV 的变压器，位于施工现场_____侧。

（2）该工程低压供电系统采用 TN－S 三相五线制接零保护系统,低压供电方式为_____式(树干式、放射式),直接由现场变配电室或总配电箱(一级控制)引出,送至各分配电箱(二级控制)。

（3）现场共设置_____个固定安装的分配电箱和_____个流动分配电箱,各分配电箱的供电设备名称、功率、合计功率分别是:

①号分配电箱

②号分配电箱

（4）现场共设置_____条支线供给分配电箱,采用_____架空线或_____电缆,敷设方式为土壤直埋法,线路走向分别为:

5) 支线架设和电缆敷设技术
要求同打桩阶段。

6) 配电导线截面选择(总线及至各分箱支线)

（1）按机械强度选择

根据 JGJ 46－2005《施工现场临时用电安全技术规范》第 7.1.3 条规定:绝缘铝线截面面积不小于 16 mm²,绝缘铜线截面面积不小于 10 mm²。

电缆由于机械强度较好,因此可不作校核。

(2)按导线的允许电流选择

① 总线(电源至总配电箱)

总用电量(kV・A)　$S_{kV \cdot A} =$

总线计算电流(A)　$I_{总线} = S_{kV \cdot A}/(\sqrt{3} \times U_{线}) =$

($U_{线} = 0.38 \text{ kV}$)

② 分线(总配电箱至各分箱)

分线负荷:

$\sum P_{fn}$——各支路上电动机类功率总和(kW)(按用电设备明细表及配电系统图计算);

$\sum S_{fn}$——各支路上电焊机类容量总和(kV・A)(按用电设备明细表及配电系统图计算)。

③ 分线计算电流(A)

$$I_n = K_P \sum P_n/(\sqrt{3} \times U_{线} \times \cos\varphi) + K_S \sum S_n/(\sqrt{3} \times U_{线})$$

式中　K_P, K_S——需要系数,取 0.9~1.0;

$\cos\varphi$——功率因数,取 0.7~0.75;

$U_{线} = 0.38 \text{ kV}$。

$$I_{照明} = \frac{\sum P_{照}}{U_{相}}$$

(用于单相输入包括办公设备,$U_{相} = 0.22 \text{ kV}$;$P_{照}$为包括办公设备的照明设备功率,单位 kW)

此公式仅用于 $I_{照明} < 30 \text{ A}$,否则三相电流不平衡;当 $I_{照明} > 30 \text{ A}$ 时,宜采用以下公式:

$$I_{照明} = \frac{\sum P_{照}}{\sqrt{3} \times U_{线}}$$

$$I_1 =$$

④ 初选总线、支线的导线型号、名称、规格、允许电流(根据附录 B 相关附表查得)

（3）按允许电压降选择

L——送电线路距离(m)；

ε——允许的相对电压降，取 $\varepsilon=5\%$；

C——系数，380/220 V 三相五线制供电中，铝线 $C=46.3$，铜线 $C=77$；

S——导线截面面积(mm^2)；

$\sum P_{fn}$——各支路上电动机类功率总和；

$\sum S_{fn}$——各支路上电焊机类功率总和；

$\cos\varphi$——取 $0.7\sim0.75$。

$$S_{总} = S_{kV\cdot A} \times L/(100 \times C \times \varepsilon) =$$

$$S_{fn} = (\sum P_{fn} + \sum S_{fn} \times \cos\varphi) \times L/(100 \times C \times \varepsilon) =$$

若上述三项有一项不符，则重选；若上述三项均符合，则确定总线、支线的导线型号、名称、规格为：

5. 装修阶段负荷计算

1）用电设备明细表

（1）电动机类设备（表 9-8）

表 9-8　　　　　　　　　　　　　　　　电动机类设备

序号	用电设备名称	型号	单位	数量	单机功率 P_e'/kW	合计功率 /kW	换算后设备容量 P_e

$\sum P_1$（换算后设备容量之和）=　　　　kW

（2）电焊机类设备（表 9 - 9）

表 9 - 9 　　　　　　　　　　　　　　　电焊机类设备

序号	用电设备名称	型号	单位	数量	单机功率 $S_e{}'/\text{kV} \cdot \text{A}$	合计功率 $/\text{kV} \cdot \text{A}$	换算后设备容量 S_e

$\sum S_2$（换算后设备容量之和）＝　　　　　kV·A

（3）室内照明用电容量 $\sum P_3 =$　　　　　kW

（4）室外照明用电容量 $\sum P_4 =$　　　　　kW

2）施工现场总用电量（kV·A）

$$S_{\text{kV·A}} = (1.05 \sim 1.10)\left[K_1\frac{\sum P_1}{\cos\varphi} + K_2\sum S_2 + K_3\sum P_3 + K_4\sum P_4 \right]$$

3）配电变压器选择

若该阶段总用电量小于结构施工阶段，则变压器和配电线路与结构施工阶段相同，若总用电量大于结构施工阶段，则应重新设计计算。

四、总配电箱、分配电箱、开关箱内开关电器的选择

开关箱内的电器元件，一般可根据设备的电源线载流量，选择采用一个集隔离、过载、短路、漏电保护于一体的组合式 DZ 型透明盖漏电保护器。根据规范"一机、一箱"的原则，开关箱一经选定则为用电设备的专用开关箱，可与相应设备固定配套使用。

总配电箱与分配电箱应根据不同工地的配电系统，箱内选取不同的电器元件。其选择的原则如下。

1. 隔离开关

通常可选用熔断器型开关 HR5,HG 等,额定电流 I_e 大于或等于配电线路的计算电流 I_j,即

$$I_e \geqslant I_j$$

2. 低压断路器

通常选用装置型 DZ 型自动开关,主要用作配电线路的过载和短路保护,其额定电流 (长延时脱扣器的电流整定值)可取线路允许载流量的 0.8~1 倍:

$$I_n = (0.8 \sim 1.0)I_j \text{(用作线路过载保护)}$$

但同时还应考虑前后断路器之间的配合,由于都采用 DZ 型,所以简单来说,一般前一级断路器的额定电流应大于或等于后一级断路器的额定电流。

作短路保护的过电流脱扣器的整定电流(瞬时脱扣器电流整定值)在出厂时已根据 I_n 倍数固定,该电流一般情况下能保证断路器在短路时跳闸而电机启动电流是可以避开的。另外断路器的极限分断能力应大于线路的最大短路电流的有效值。

3. 漏电保护器

漏电保护器的额定电流选取可参考断路器。其动作电流和动作时间可按前述三级配电,二级保护的参数选取。

五、安全用电措施和电器防火措施

1. 安全用电技术措施和组织措施

(1)施工现场临时用电必须严格执行 JGJ 46—2005《施工现场临时用电安全技术规范》。

(2)在施工现场专用的中性点直接接地的电力线路中,必须采用 TN-S 接零保护系统(即三相五线制)。工地上的用电设备和配电箱金属外壳都必须连接专用的保护零线(应用大于或等于 2.5 mm^2 的绝缘多股同芯线)。塔吊的接地线与建筑物主体接地用焊接相连,接地电阻不得大于 $4 \text{ }\Omega$,工作零线和保护零线不可混用。

(3)施工用电系统必须保证灵敏可靠的三级漏电保护,杜绝漏电保护。漏电保护器必须选用省级审批许可生产的且通过电工产品认证的产品,直接保护宜选用电磁式漏电保护器。

(4)在建工程不得在高、低压线路下方施工。高、低压线路下方不得搭设作业棚、建造生活设施或堆放构件、器具、材料及其他杂物等。高压线路与脚手架外侧边缘距离至少大于 6 m。

(5)配电设置采用三级配电系统:总配电箱→分配电箱→单机开关箱。线路分施工动力、施工照明、生活照明三大系。分配电箱与开关箱距离不得超过 30 m,开关箱与用电设备距离在 3 m 以内。

（6）配电箱、开关箱的设置严格按照《规范》要求，进出电线要整齐并从箱体底部进入，不得使用绝缘差、老化、破皮电线。移动式配电箱和开关箱进出线必须使用橡皮护套绝缘电缆。

（7）配电箱一律使用统一制作的标准配电箱，并有统一编号，应作名称、用途、分路标记。箱内连接线必须采用铜芯绝缘导线，导线颜色标志应按要求配制，并排列整齐。

（8）开关箱必须一机一闸一保护，箱内无杂物。

（9）照明与动力分箱设置，单相回路内的照明开关箱必须装漏电保护器；手持照明灯、危险场所应用 36 V 安全电压，特别场所（如地下室）用 12 V 安全电压；现场照明一律采用橡皮绝缘电缆。

（10）严禁用其他金属丝代替熔丝，熔丝安装合理。

（11）电气装置应定期检修，检修时必须做到：

① 停电；

② 悬挂停电标志牌，挂接必要的接地线；

③ 由相应级别的专业电工检修；

④ 检修人员应穿绝缘鞋和戴手套，使用电工绝缘工具；

⑤ 有统一组织和专人统一指挥。

（12）建立安全检测制度，做好检测记录。

（13）建立电气维修制度，电工要做好电气维修管理台账。

（14）电工必须持证上岗，禁止无证上岗或随意串岗。

2. 电气防火措施

（1）在电气装置和线路周围不堆放易燃、易爆和强腐蚀介质；不使用火源。

（2）变配电室应有安全防护措施和警告标志，不能堆放杂物，应有防雨、防潮、防火、防暴和道路通等"四防一通"措施。严禁烟火，配备灭火器。

（3）加强电气设备相间和相地间绝缘，防止闪烁。

（4）合理设置防雷装置。

（5）建立电气防火检查制度，发现问题，及时处理。

六、变、配电系统简图（结构施工阶段）

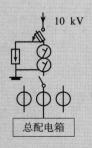

说明：

(1) 0.4 kV 低压配电系统采用 TN-S 保护系统；

(2) PE 线重复接地不少于三处，接地电阻小于 10 Ω。

图 9-1　变、配电系统简图

七、电器安全三级保护联网设置原则

$$动作电流\ I_{\triangle n总}>30\ mA$$
$$动作时间\ T_{总}>0.1\ s$$
$$I_{\triangle n总}\times I_{总}\leqslant30\ mA\cdot s$$

$$动作电流\ I_{\triangle n开}\leqslant30\ mA$$
$$动作时间\ T_{开}\leqslant0.1\ s$$

图 9-2　电器安全三级保护联网设置原则

图 9-2 中各符号含义:

$I_{\triangle n开}$——开关箱中漏电保护器的动作电流;

$T_{开}$——开关箱中漏电保护器的动作时间;

$I_{\triangle n总}$——总配电箱中漏电保护器的动作电流;

$I_{总}$——总配电箱中漏电保护器的动作时间。

八、供电总平面图

打　桩　阶　段

结 构 施 工 阶 段

装　修　阶　段

9.2 用模板编制施工用电组织设计实例

某大型厂房,建筑面积为 10 000 m²,所用设备如表 9-10 所示。施工现场总平面图如图 9-3 所示。试利用模板设计该工地结构施工阶段临时用电施工组织设计。

表 9-10　　　　　　　　　　工程结构施工阶段所需设备明细表

编号	用电设备名称	型号及技术参数	单位	数量
1	塔机	QTZ40,28 kW,380 V,$JC=25\%$	台	1
2	施工升降机	SCD100/100,15 kW	台	1
3	混凝土搅拌机	JZ350,5.5 kW	台	2
4	钢筋切断机 1	GJ40,7.5 kW	台	1
5	钢筋弯曲机 2	GW40,2.8 kW	台	1
6	弧焊机	BX3-300,32 kV·A,单相 380 V,$JC=65\%$,$\cos\varphi=0.87$	台	1
7	对焊机	BX3-630,单相 380 V,$JC=60\%$,50.5 kV·A	台	1
8	振动器 1	Y 系列,2.2 kW	台	1
9	振动器 2	Z2D100,1.5 kW	台	1
10	卷扬机	JJK 1,7.5 kW	台	1
11	照明	室外:高压灯、碘钨灯共 3.2 kW; 室内:白炽灯、日光灯共 2.8 kW		

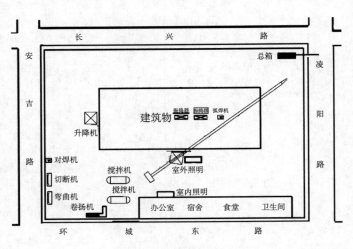

图 9-3　现场设备平面布置图

工程名称：
建设单位：
设计单位：
监理单位：

施工现场临时用电组织设计

主要编制人：×××　　　　　　　职称（职务）：**工程师**

校核人员：＿＿＿＿＿＿＿　　　　　职称（职务）：＿＿＿＿＿＿

审核人员（总师室）：＿＿＿＿＿＿　　职称（职务）：＿＿＿＿＿＿

审批人（公司技术负责人）：＿＿＿＿＿

编制单位：

编制日期：　　　　年　　月　　日

表 9-11	临时用电组织设计审批表		
工程名称	××××××		
编制单位	××××××		
工程规模	10 000 m²	工程等级	二级
方案名称	临时施工用电专项方案	主要编制人	×××

校核意见栏

校核人：

日　期：

（项目技术部门章）

审核意见栏

审核人：

日　期：

（企业技术部门章）

审批意见栏

审批人：

日　期：

（企业公章）

根据 JGJ 46—2005《施工现场临时用电安全技术规范》的要求,特编制本工程临时用电施工组织设计。

一、设计依据

主要依据现行的规程规范及资料:

(1) JGJ 46—2005《施工现场临时用电安全技术规范》;

(2) GB 50194—2014《建设工程施工现场供用电安全规范》;

(3) GB 50052—2009《供配电系统设计规范》;

(4) GB 50054—2011《低压配电设计规范》;

(5) GB 50055—2011《通用用电设备配电设计规范》;

(6) GB 50057—2010《建筑物防雷设计规范》;

(7) 甲方提供的现场电源资料;

(8) 现场临时用电设备负荷和配置资料。

遵守下列现行国家标准、规范或规程规定:

(1) JGJ 59—2011《建筑施工安全检查标准》;

(2) JGJ 33—2012《建筑机械使用安全技术规程》;

(3) GB 5144—2006《建筑塔式起重机安全规程》;

(4) JG/T 100—99《塔式起重机操作使用规程》;

(5) JGJ 88—2010《龙门架及井架物料提升机安全技术规范》;

(6) GB 10055—2007《施工升降机安全规程》;

(7) GB 26557—2011《吊笼有垂直导向的人货两用施工升降机》;

(8) GB/T 3805—2008《特低电压(ELV)限值》;

(9) GB 14050—2008《系统接地的形式及安全技术要求》;

(10) GB/T 3787—2006《手持式电动工具的管理、使用、检查和维修安全技术规程》;

(11) GB 13955—2005《漏电保护器安装和运行》。

二、工程概况(表 9 - 12)

表 9 - 12   工程概况表

工程名称	××××××		工程地点	××××××	
建筑面积 /m²	10 000 m²	建筑高度 /m	××	开工日期	××

现场勘测情况(现场的地形、地貌,正式工程的位置,建筑材料、器具堆放位置,生产、生活暂设建筑物位置,用电设备装设位置,现场周围环境,建筑物、地下管线、高压线路、电源位置、变压器位置等)。

　　本工程施工场地位于××市安吉路东侧,北临长兴路,东临凌阳路,南靠环城东路。现场已完成三通一平,四周有 2.5 m 高围墙。

　　变压器位于场地东北侧,在变压器下设有配电房。

　　主体阶段主要使用 1 台塔机、1 台施工施工电梯、2 台搅拌机、钢筋加工机械及木工加工机械。机械布置详见平面图。

　　根据施工现场具体情况和平面布置,用电分 4 个区,为在建施工区;钢筋加工区;办公区、固定设备区。分别设 4 个分配电箱(1 个流动分配电箱,3 个固定分配电箱),由总配电箱引出 4 条支线供电至各分配电箱。

　　本工程现场北面有一条 10 kV 的高压线,故需采取防护措施(专项方案另行编制)。

　　本工程现场无地下管线。

三、负荷计算

（分打桩、结构施工、装修三个阶段计算）

1. 供电设备总容量计算公式

$$S_{kV \cdot A} = (1.05 \sim 1.10) \left[K_1 \frac{\sum P_1}{\cos\varphi} + K_2 \sum S_2 + K_3 \sum P_3 + K_4 \sum P_4 \right]$$

式中　$S_{kV \cdot A}$——全工地供电设备总需要量（kV·A）；

$\sum P_1$——全工地电动机类额定功率之和（kW）；

$\sum S_2$——全工地电焊机类额定容量之和（kV·A）；

$\sum P_3$——全工地室内照明容量（kW）；

$\sum P_4$——全工地室外照明容量（kW）；

$\cos\varphi$——电动机的平均功率因素（一般取为 0.65～0.75）；

K_1, K_2, K_3, K_4——需要系数，参见表 9-13。

表 9-13　　　　　　　　　　需要系数（K_x 值）、暂载率 JC 及 $\cos\varphi$

用电设备	数量	需要系数		暂载率 JC	$\cos\varphi$	备注
		K_x	数值			
一般电动机	1～2 台	K_1	1		0.68	为使计算结果接近实际，各需要系数 K_x 应根据不同工作性质分类选取
	3～10 台		0.7			
	11～30 台		0.6		0.65	
	30 台以上		0.5		0.6	
电焊机	1 台	K_2	1	BX300：0.65；BX500：0.65；对焊机 UN-100：0.2	交流：0.45～0.47；直流：0.89	
	2 台		0.65			
	3～10 台		0.6		交流：0.4；直流：0.87	
	10 台以上		0.5			
室内照明		K_3	0.8		1	
室外照明		K_4	1		1	

2. 设备容量 P_e 的换算方法

（1）长期工作制电机得设备容量（P_e）等于铭牌额定功率（$P_e{}'$），即 $P_e = P_e{}'$。

（2）反复短时工作制电机（如吊车）的设备容量（P_e）是统一换算到暂载率 $JC = 25\%$ 时的额定功率，即 $P_e = 2P_e{}' \sqrt{JC}$。

（3）电焊机及电焊装置的设备容量（P_e）是指统一换算到暂载率 $JC = 100\%$（或用 JC100 表示）时的额定功率，按下式换算：$S_e = S_e{}' \sqrt{JC}$，直流 $P_e = P_e{}' \sqrt{JC}$。

（4）不对称负荷的设备容量换算 P_e：当单项用电设备的不对称总容量大于三相用电设备总容量的 15% 时，设备换算容量 P_e（或 S_e）应按下式计算：对接于相电压的单项用设备 P_e（或 S_e）= $3P_e{}'$（或 $S_e{}'$）；对接于线电压的单项用电设备 P_e（或 S_e）= $\sqrt{3}P_e{}'$（或 $S_e{}'$）。

3. 结构施工阶段负荷计算

（1）电动机类设备（表 9-14）

表 9-14 　　　　　　　　　　　　　电动机类设备

序号	用电设备名称	型号	单位	数量	单机功率 /kW	合计功率 /kW	换算后设备容量 P_e
1	塔机	QTZ40，JC=25%	台	1	28	28	28
2	施工升降机	SCD100/100	台	1	15	15	15
3	混凝土搅拌机	JZ350	台	2	5.5	11	11
4	钢筋切断机	GJ40	台	1	7.5	7.5	7.5
5	钢筋弯曲机	GW40	台	1	2.8	2.8	2.8
6	振动器 1	Y 系列	台	1	2.2	2.2	2.2
7	振动器 2	Z2D100	台	1	1.5	1.5	1.5
8	卷扬机	JJK-1	台	1	7.5	7.5	7.5

$\sum P_1$（换算后设备容量之和）= 75.5 kW

（2）电焊机类设备（表 9-15）

表 9-15 　　　　　　　　　　　　　电焊机类设备

序号	用电设备名称	型号	单位	数量	单机功率 $S_e{}'$/kV·A	合计功率 /kV·A	换算后设备容量 S_e
1	对焊机	BX3-300，JC=65%，cosφ=0.87	台	1	32	32	44.69
2	弧焊机	BX-630，JC=60% cosφ=0.87	台	1	50.5	50.5	67.75

$\sum S_2$（换算后设备容量之和）= 112.44 kV·A

表内设备容量换算：

根据上述设备容量 P_e 的换算方法，仅对电焊机不对称容量进行换算，其余设备容量无须换算，直接填入表内：

三相用电设备合计功率：$P=75.5\,\text{kW}$；$75.5\times15\%=11.33\,\text{kW}$

1 号设备按 JC 进行容量换算：

$$P_e=S_e{}'\times\sqrt{JC}\times\cos\varphi=32\times\sqrt{0.65}\times0.87=22.44\,\text{kW}$$

2 号设备按 JC 进行容量换算：

$$P_e=S_e{}'\times\sqrt{JC}\times\cos\varphi=50.5\times\sqrt{0.6}\times0.87=34.03\,\text{kW}$$

因为不对称设备容量之和 $22.44+34.03=56.47\,\text{kW}>11.33\,\text{kW}$（三相不平衡超差），所以 1 号设备的最终换算容量 $S_1=32\times\sqrt{0.65}\times\sqrt{3}=44.69\,\text{kV}\cdot\text{A}$；同理，2 号设备的最终换算容量 $S_2=50.5\times\sqrt{0.6}\times\sqrt{3}=67.75\,\text{kV}\cdot\text{A}$。

（3）室内照明用电容量 $\sum P_3=2.8\,\text{kW}$

（4）室外照明用电容量 $\sum P_4=3.2\,\text{kW}$

2）施工现场总用电量（$\text{kV}\cdot\text{A}$）

$$\begin{aligned}S_{\text{kV}\cdot\text{A}}&=(1.05\sim1.10)\left[K_1\frac{\sum P_1}{\cos\varphi}+K_2\sum S_2+K_3\sum P_3+K_4\sum P_4\right]\\&=1.075\times(0.7\times75.5/0.68+0.65\times112.44+0.8\times2.8+1.0\times3.2)\\&=167.96\,\text{kV}\cdot\text{A}\end{aligned}$$

3）配电变压器选择

查表 2-1，选择 S9-200/10 **三相配电变压器。**

4）结构施工阶段配电线路设计

（1）确定变压器的位置：现场设置 <u>1</u> 台容量为 <u>200</u> $\text{kV}\cdot\text{A}$，变比为 $10/0.4\,\text{kV}$ 的变压器，位于施工现场 **东北** 侧。

（2）该工程低压供电系统采用 TN-S 三相五线制接零保护系统，低压供电方式为放射式（树干式），直接由现场变配电室或总配电箱（一级控制）引出，送至各分配电箱（二级控制）。

（3）现场共设置 <u>3</u> 个固定安装的分配电箱和 <u>1</u> 个流动分配电箱，各分配电箱的供电设备名称、功率分别是：

分配电箱 1：对焊机，$44.68\,\text{kV}\cdot\text{A}$；**切断机**，$7.5\,\text{kW}$；**弯曲机**，$2.8\,\text{kW}$；**卷扬机**，$7.5\,\text{kW}$。

分配电箱 2：振荡器，$2.2\,\text{kW}$；**振荡器**，$1.5\,\text{kW}$；**弧焊机**，$67.75\,\text{kV}\cdot\text{A}$。

分配电箱 3：搅拌机 2 台，$11\,\text{kW}$；**塔机**，$28\,\text{kW}$；**升降机**，$15\,\text{kW}$。

分配电箱 4：室内照明，$2.8\,\text{kW}$；**室外照明**，$3.2\,\text{kW}$。

（4）现场共设置4条支线供给分配电箱，采用架空线或埋地电缆，敷设方式为土壤直埋法，线路走向分别为：

① 线沿北边围墙由东向西再向南敷设；

② 线沿北边围墙由东向西再向南敷设；

③ 线由北向南再向西敷设；

④ 线由北向南再向西敷设。

5）支线架设和电缆敷设技术要求

同 9.1 节打桩阶段支线架设和电缆敷设技术要求。

6）配电导线截面选择（总线及至各分箱支线）

（1）按机械强度选择

根据 JGJ 46—2005《施工现场临时用电安全技术规范》第 7.1.3 条规定：绝缘铝线截面面积不小于 16 mm²，绝缘铜线截面面积不小于 10 mm²。

电缆由于机械强度较好，因此可不作校核。

（2）按导线的允许电流选择：

① 总线（电源至总配电箱）

总用电量：$S_{kV \cdot A} = 200 \text{ kV} \cdot \text{A}$

总线计算电流：

$$I_{总线} = S_{kV \cdot A}/(\sqrt{3} \times U_{线}) = 200/(\sqrt{3} \times 0.38) = 303 \text{ A}$$

② 分线（总配电箱至各分箱）

分线负荷：

$\sum P_{fn}$——各支路上电动机类功率总和（kW）（按用电设备明细表及配电系统图计算）；

$\sum S_{fn}$——各支路上电焊机类容量总和（kV·A）（按用电设备明细表及配电系统图计算）。

支线①：$\sum P_1 = 7.5 + 2.8 + 7.5 = 17.8 \text{ kW}, \sum S_1 = 44.68 \text{ kV} \cdot \text{A}$

支线②：$\sum P_2 = 2.2 + 1.5 = 3.7 \text{ kW}, \sum S_2 = 67.75 \text{ kV} \cdot \text{A}$

支线③：$\sum P_3 = 28 + 5.5 + 5.5 + 15 = 54 \text{ kW}$

支线④：$\sum P_4 = 3.2 + 2.8 = 6 \text{ kW}$

③ 分线计算电流

$$I_n = K_P \sum P_n/(\sqrt{3} \times U_{线} \times \cos\varphi) + K_S \sum S_n/(\sqrt{3} \times U_{线})$$

式中　K_P, K_S——需要系数，取 1.0；

　　　$\cos\varphi$——功率因数，取 0.7～0.75；

　　　$U_{线} = 0.38 \text{ kV}$。

$$I_{照明} = \frac{P_照}{U \times \cos\varphi}$$

（用于单相输入包括办公设备，$U = 0.22$ kV，$P_照$ 为包括办公设备的照明设备功率，单位 kW）

此公式仅用于 $I_{照明} < 30$A 的情况，否则会使三相电流严重不平衡；当 $I_{照明} > 30$ A 时，宜用以下公式：

$$I_{照明} = \sum P_n / (\sqrt{3} \times U_线)$$

$$I_{f1} = 1 \times 17.8/(\sqrt{3} \times 0.38 \times 0.7) + 1 \times 44.68/(\sqrt{3} \times 0.38) = 106.31 \text{ A}$$

$$I_{f2} = 1 \times 3.7/(\sqrt{3} \times 0.38 \times 0.7) + 1 \times 67.5/(\sqrt{3} \times 0.38) = 110.67 \text{ A}$$

$$I_{f3} = 1 \times 54/(\sqrt{3} \times 0.38 \times 0.7) = 117.14 \text{ A}$$

$$I_{f4} = 1 \times 6/(\sqrt{3} \times 0.38 \times 1) = 9.11 \text{ A}$$

$$(\cos\varphi = 1)$$

④ 初选总线、支线的导线型号、规格、允许电流（根据附录 B 表 B-3 查得）

总线选择：VV3×240+2×120 **允许电流** 319 A>303.87 A，**允许**；

1 号支线选择：VV3×35+1×16，**允许电流** 109 A>106.31 A，**允许**；

2 号支线选择：YCW3×35+1×16，**允许电流** 122 A>110.67 A，**允许**（流动电箱须选 YCW 电缆）；

3 号支线选择：VV3×50+2×25，**允许电流** 130 A>117.14 A，**允许**；

4 号支线选择：VV3×4+2×4，**允许电流** 27 A>9.11 A，**允许**。

（3）按允许电压降选择

L——送电线路距离（m）；**根据现场测量得**：$L_1 = 85$ m；$L_2 = 85$ m；$L_3 = 130$ m；$L_4 = 150$ m（$\cos\varphi$ **取** 0.87）；

ε——允许的相对电压降，取 $\varepsilon = 5\%$；

C——系数，380/220 V 三相五线制供电中，铝线 $C = 46.3$，铜线 $C = 77$；

S——导线截面面积（mm²）；

$\sum P_{fn}$——各支路上电动机类功率总和；

$\sum S_{fn}$——各支路上电焊机类功率总和；

$\cos\varphi$——按相应焊机查表。

$$S_总 = S_{kV \cdot A} \times L/(100 \times C \times \varepsilon) =$$

（因总线距离一般较短，故无须校核电压降，如距离较长，则按此公式计算）

$$S_{fn} = (\sum P_{fn} + \sum S_{fn} \times \cos\varphi) \times L/(100 \times C \times \varepsilon)$$

$$S_{f1} = (17.8 + 44.68 \times 0.87) \times 85/(100 \times 77 \times 0.05) = 12.51 \text{ mm}^2 < 35 \text{ mm}^2$$

$$S_{f2} = (3.7 + 67.75 \times 0.87) \times 85/(100 \times 77 \times 0.05)$$

$$= 9.4 \text{ mm}^2 < 35 \text{ mm}^2$$

$$S_{f3} = 54 \times 130/(100 \times 77 \times 0.05) = 18.23 \text{ mm}^2 < 50 \text{ mm}^2$$
$$S_{f4} = 6 \times 150/(100 \times 77 \times 0.05) = 2.34 \text{ mm}^2 < 4 \text{ mm}^2$$

若上述三项有一项不符合,则重选;若上述三项均符合,则确定总线、支线的导线型号、名称、规格为:

总线: VV 3×240+2×120,五芯聚氯乙烯绝缘护套电缆。

支线①: VV 3×35+1×16,四芯聚氯乙烯绝缘护套电缆。

支线②: YCW 3×35+1×16,四芯橡皮绝缘护套电缆。

支线③: VV 3×50+2×25,五芯聚氯乙烯绝缘护套电缆。

支线④: VV 3×4+2×4,五芯聚氯乙烯绝缘护套电缆。

四、结构施工阶段总配电箱、分配电箱、开关箱内开关电器的选择和保护整定

开关箱内的电器开关,一般可根据设备电源线的载流量,选择采用一个集隔离、过载、短路、漏电保护于一体的组合式 DZ 型透明盖漏电保护器,根据规范"一机、一箱"的原则,作为用电设备的专用开关箱,可与相应设备固定配套使用。

总配电箱与分配电箱应根据不同工地的配电系统,箱内选取不同的开关电器。其选择的原则如下。

1. 隔离开关

通常可选用熔断器型开关:HR5,HG 等,额定电流 I_e 大于或等于配电线路的计算电流 I_j,即

$$I_e \geq I_j$$

2. 低压断路器

通常选用装置型 DZ 型自动开关,主要用作配电线路的过载和短路保护,其额定电流(长延时脱扣器的电流整定值)可取线路允许载流量的 0.8~1 倍。

$$I_n = (0.8 \sim 1.0)I_j \text{(用作线路过载保护)}$$

但同时还应考虑前后断路器之间的配合,由于都采用 DZ 型,所以简单来说,一般前一级断路器的额定电流应大于或等于后一级断路器的额定电流。

作短路保护的过电流脱扣器的整定电流(瞬时脱扣器电流整定值)在出厂时已根据 I_n 倍数固定,该电流一般情况下能保证断路器在短路时跳闸而电机启动电流是可以避开的。另外断路器的极限分断能力应大于线路的最大短路电流的有效值。

3. 漏电保护器

漏电保护器的额定电流选取可参考断路器。其动作电流和动作时间可按《电器安全三级保护联网设置原则》选取。

五、安全用电措施和电器防火措施

1. 安全用电技术措施和组织措施

(1)施工现场临时用电必须严格执行 JGJ 46—2005《施工现场临时用电安全技术规范》。

（2）在施工现场专用的中性点直接接地的电力线路中，必须采用 TN-S 接零保护系统（即三相五线制）。工地上的用电设备和配电箱金属外壳都必须连接专用的保护零线（应用大于或等于 2.5 mm^2 的绝缘多股铜芯线），塔吊的接地线与建筑物主体接地用焊接相连，接地电阻不得大于 4 Ω，工作零线和保护零线不可混用。

（3）施工用电系统必须保证灵敏可靠的三级漏电保护，杜绝漏电保护。漏电保护器必须选用省级审批许可生产的且通过电工产品认证的产品，直接保护宜选用电磁式漏电保护器。

（4）在建工程不得在高、低压线路下方施工。高、低压线路下方不得搭设作业棚、建造生活设施或堆放构件、器具、材料及其他杂物等。高压线路与脚手架外侧边缘距离至少大于 6 m。

（5）配电设置采用三级配电系统：总配电箱→分配电箱→单机开关箱。线路分施工动力、施工照明、生活照明三大系。分配电箱与开关箱距离不得超过 30 m，开关箱与用电设备距离在 3 m 以内。

（6）配电箱、开关箱的设置严格按照《规范》要求，进出电线要整齐并从箱体底部进入，不得使用绝缘差、老化、破皮电线。移动式配电箱和开关箱进出线必须使用橡皮护套绝缘电缆。

（7）配电箱一律使用统一制作的标准配电箱，并有统一编号，应作名称、用途、分路标记。箱内连接线必须采用铜芯绝缘导线，导线颜色标志应按要求配制，并排列整齐。

（8）开关箱必须"一机一闸一保护"，箱内无杂物。

（9）照明与动力分箱设置，单相回路内的照明开关箱必须装漏电保护器；手持照明灯、危险场所应用 36 V 安全电压，特别场所（如地下室）用 12 V 安全电压；现场照明一律采用橡皮绝缘电缆。

（10）严禁用其他金属丝代替熔丝，熔丝安装合理。

（11）电气装置应定期检修，检修时必须做到：

① 停电；

② 悬挂停电标志牌，挂接必要的接地线；

③ 由相应级别的专业电工检修；

④ 检修人员应穿戴绝缘鞋和手套，使用电工绝缘工具；

⑤ 有统一组织和专人统一指挥。

（12）建立安全检测制度，有检测记录。

（13）建立电气维修制度，电工要做好电气维修管理台账。

（14）电工必须持证上岗，禁止无证上岗或随意串岗。

2. 电气防火措施

（1）在电气装置和线路周围不堆放易燃、易爆和强腐蚀介质，不使用火源。

（2）变配电室应有安全防护措施和警告标志，不能堆放杂物，应有防雨、防潮、防火、防暴和道路通等"四防一通"措施。并禁止烟火，配备灭火器。

（3）加强电气设备相间和相地间绝缘，防止闪烁。

（4）合理设置防雷装置。

（5）建立电气防火检查制度，发现问题，及时处理。

六、变、配电系统简图(结构施工阶段)

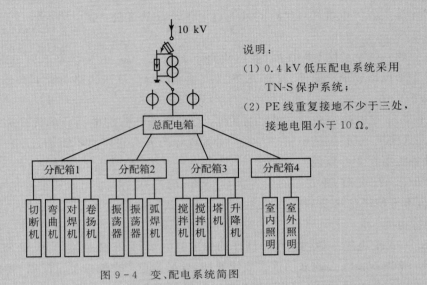

说明：
（1）0.4 kV 低压配电系统采用 TN-S 保护系统；
（2）PE 线重复接地不少于三处，接地电阻小于 10 Ω。

图 9-4　变、配电系统简图

七、电器安全三级保护联网设置原则

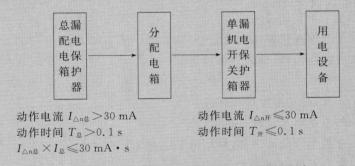

动作电流 $I_{\triangle n总} > 30$ mA
动作时间 $T_总 > 0.1$ s
$I_{\triangle n总} \times I_总 \leqslant 30$ mA·s

动作电流 $I_{\triangle n开} \leqslant 30$ mA
动作时间 $T_开 \leqslant 0.1$ s

图 9-5　电器安全三级保护联网设置原则

图 9-5 中各符号含义：

$I_{\triangle n开}$——开关箱中漏电保护器的动作电流；

$T_开$——开关箱中漏电保护器的动作时间；

$I_{\triangle n总}$——总配电箱中漏电保护器的动作电流；

$I_总$——总配电箱中漏电保护器的动作时间。

八、结构施工阶段供电总平面图

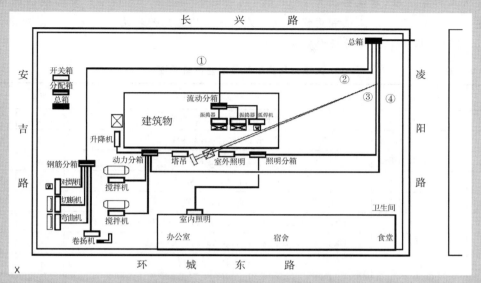

图 9-6　施工阶段供电总平面图

施工临时用电(第二版)

习 题

某大型框架工程,建筑面积为 $1\,000\,m^2$,所用设备如表 9 - 16 所示。施工现场设备总平面布置图如图 9 - 7 所示。试利用模板设计该工地结构施工阶段临时用电施工组织设计。

1) 工程结构施工阶段所需设备明细表

表 9 - 16　　　　　　　　工程结构施工阶段所需设备明细

编号	用电设备名称	型号及技术参数	单位	数量
1	塔机	QTZ63,32 kW,380 V,$JC=40\%$	台	1
2	施工升降机	SCD 200/200,30 kW	台	1
3	混凝土搅拌机	JZ 350,7 kW	台	1
4	钢筋切断机 1	GJ 40,7.5 kW	台	1
5	钢筋弯曲机 2	GW 40,2.8 kW	台	1
6	弧焊机	BX3－300,24 kV·A,单相 380 V,$JC=65\%$,$\cos\varphi=0.47$	台	1
7	弧焊机	BX3－630,单相 380 V,$JC=60\%$,50 kV·A,$\cos\varphi=0.53$	台	1
8	振动器 1	Y 系列 2.2 kW	台	1
9	振动器 2	Z2D100,1.5 kW	台	1
10	卷扬机	JJK－1,7.5 kW	台	1
11	照明	室外:高压灯、碘钨灯,共 3.2 kW; 室内:白炽灯、日光灯,共 2.8 kW		

2) 现场设备平面布置图

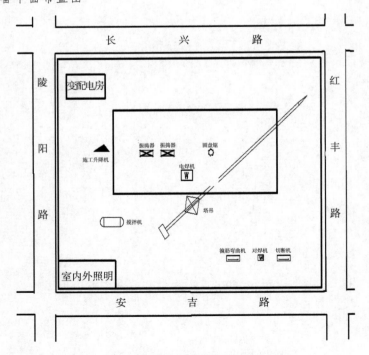

图 9 - 7　施工现场平面布置图

临时用电组织设计须知：

（1）本工程已完成三通一平，四周设 2.5 m 高围墙。

（2）本工程的北面有一条 10 kV 的高压线。

（3）计算电压降时，假定各分箱与总配电箱的距离均为 160 m。

备注：总线距离较短，故不必校核电压降。

附录 A   施工用电平面图常用有关图例

名　称	图　例	名　称	图　例
变压器		跌开式熔断器	
总配电箱（屏）		分配电箱	
开关箱		避雷器	
塔机		井架	
卷扬机		施工电梯	
混凝土搅拌机		砂浆机	
打桩机		水泵	
圆盘机		门架	
钢筋机械		电焊机	
其他机械			

附录 B　绝缘电线和电缆及其持续允许电流

施工现场输电线路通常为绝缘电线和电缆。

1. 电线

绝缘电线适合于架空敷设,常用品种为铜芯橡皮线(BX),铝芯橡皮线(BLX),铜芯塑料线(BV),铝芯塑料线(BLV)。

2. 绝缘电缆

绝缘电缆适合于埋地敷设或沿电杆,支架或墙壁敷设,常用品种为:

① VV——聚氯乙烯绝缘,聚氯乙烯护套铜芯电力电缆;

VLV——聚氯乙烯绝缘,聚氯乙烯护套铝芯电力电缆;

VV$_{22}$——聚氯乙烯绝缘,聚氯乙烯护套内钢带铠装铜芯电力电缆;

VLV$_{22}$——聚氯乙烯绝缘,聚氯乙烯护套内钢带铠装铝芯电力电缆。

以上四种适合于埋地电缆,固定敷设。

② YQ,YZ,YC 及 YQW,YZW,YCW 均为通用橡套软电缆,根据所承受外力分别为轻型、中型、重型及相应的耐气候型,该软电缆适用于作为各种移动电箱、电气设备、电动工具和日用电器的电源线。

上述所有电线、电缆的允许电流分别如表 B-1—表 B-3 所示。

表 B-1　　　　橡皮或塑料绝缘电线明设在绝缘支柱上时的持续允许电流

(空气温度为+25℃,单芯 500 V)T_m=65℃

导线标称截面 /mm²	导线的持续允许电流/A			
	BX 型 铜芯橡皮线	BLX 型 铝芯橡皮线	BV 型、BVR 型 铜芯塑料线	BLV 型 铝芯塑料线
0.5				
0.75	18		16	
1	21		19	
1.5	27	19	24	18
2.5	35	27	32	25
4	45	35	42	32
6	58	45	55	42
10	85	65	75	59
16	110	85	105	80
25	145	110	138	105

续表

导线标称截面 /mm²	导线的持续允许电流/A			
	BX 型 铜芯橡皮线	BLX 型 铝芯橡皮线	BV 型、BVR 型 铜芯塑料线	BLV 型 铝芯塑料线
35	180	138	170	130
50	230	175	215	165
70	285	220	265	205
95	345	265	325	250
120	400	310	375	285
150	470	360	430	325
185	540	420	490	380
240	660	510		

表 B-2 通用橡皮软电缆在空气中敷设的载流量

主芯线截面 /mm²	中性线截面 /mm²	YC 型、YCW 型、YHC 型载流量/A			
		三芯、四芯、五芯			
		25℃	30℃	35℃	40℃
2.5	1.5	26	24	22	20
4	2.5	34	31	29	23
6	4	43	40	37	34
10	6	63	58	54	49
16	10	84	78	72	66
25	16	115	107	99	90
35	16	142	132	122	112
50	25	176	164	152	139
70	35	224	209	193	177
95	50	273	255	236	215
120	70	316	295	273	249

表 B-3　　　　五芯聚氯乙烯绝缘护套电力电缆埋地敷设长期允许载流量表

标称截面 /mm²	长期连续负荷允许载流量参考值/A			
	无铠装		铠装	
	VV	VLV	VV₂₂、VV₃₂、VV₄₂	VLV₂₂、VLV₃₂、VLV₄₂
4	27	20	32	20
6	34	26	40	26
10	46	35	53	35
16	67	54	69	51
25	91	67	91	67
35	109	81	109	81
50	130	95	130	98
70	158	116	158	119
95	189	140	189	140
120	217	161	217	161
150	242	179	242	182
185	273	203	273	203
240	319	238	319	238

参 考 文 献

[1] 中华人民共和国住房和城乡建设部.施工现场临时用电安全技术规范:JGJ 46—2005 [S].北京：中国建筑工业出版社,2005.

[2] 住建部工程质量安全监管司.建筑施工特种作业人员安全技术考核培训教材(建筑电工)[M].北京：中国建筑工业出版社,2009.

[3] 成军.建筑施工现场临时用电设计、施工和管理[M].成都：四川科学技术出版社,2002.

[4] 中国建筑业协会建筑安全分会.施工现场临时用电安全技术暨图解[M].北京：冶金工业出版社,2009.

[5] 徐荣杰.建筑施工现场临时用电安全技术[M].沈阳：辽宁人民出版社,1989.

[6] 徐荣杰.施工现场临时用电施工组织设计[M].沈阳：辽宁人民出版社,1992.

[7] 王英杰.实用电工技术问答[M].北京：机械工业出版社,1998.

[8] 王洪德,李钰.施工现场临时用电安全技术[M].北京：中国建筑工业出版社,2012.